제3판

韓食

Basic Korean Food

한식조리기능사 자격증
취득을 위한 길잡이

기초
한국음식의
이해

최은희 · 최수남 · 김동희
이애진 · 황경희 · 서강태

(주)백산출판사

머리말

최근 한류가 일시적 유행이 아닌 세계문화의 핵심 아이콘으로 지구촌을 하나로 묶는 역할을 하고 있습니다. 그런 한류의 중심에 우리의 한식이 자리하고 있으며, 한식은 더 이상 우리만의 음식이 아니라는 것을 모두 인지하고 있습니다. 웰빙을 추구하는 세계인의 먹거리가 되었고 식품산업 발전의 견인차 역할을 하고 있습니다. 또한 각종 언론매체에서 주목을 받으며 셰프라는 직업이 많은 관심을 받고 있습니다. 특히 건강식 등을 선호하는 음식문화의 흐름으로 볼 때 한식조리사의 수요는 지속적으로 늘어날 것으로 보입니다.

음식이 고유한 문화의 영역에서 벗어나 경쟁력을 갖추면 세계시장에서 얼마든지 영향력을 넓혀갈 수 있듯이 그에 따른 전문분야의 기능을 갖고 있는 사람은 그만큼 더 큰 기회와 혜택이 따르기 마련이며, 한식과 관련된 전문가가 바로 그중 하나라고 볼 수 있습니다.

따라서 이 책은 한식조리기능사 자격증을 취득하여 전문 조리인이 되고자 하는 분들을 위해 다음과 같은 사항에 중점을 두어 저술하였습니다.

첫째, 양념과 고명, 한국음식의 분류, 명절음식과 시절식, 한국음식의 상차림, 향토음식 등을 수록하여 이론적 기초를 익히도록 하였습니다.

둘째, 한국산업인력공단의 한식조리기능사 공개 실기시험 33가지 문제와 응용음식을 완성도가 뛰어난 컬러화보로 구성하여 이해도를 높였습니다.

셋째, 채점과 직결되는 중요한 조리법을 강조하여 수록하였습니다.

모쪼록 현장실무 경험과 강의 경험을 통해 준비한 본 지침서가 모든 수험생들이 합격하는 데 도움이 되기를 기대하며, 앞으로도 계속 수정, 보완하여 더욱 알찬 교재가 되도록 노력하겠습니다.

끝으로 이 책이 출판되기까지 수고를 아끼지 않으신 백산출판사 진욱상 사장님 이하 임직원 여러분께 감사드리며 우리 한식의 계승·발전을 위한 작은 밀알이 되기를 기원합니다.

저자 드림

차례

제1부 한국음식 개관

제1장 한국음식문화의 개요 ·· 12
1. 한국음식문화의 개요_12   2. 한국음식문화의 형성_13
3. 한국 전통음식의 특징_16   4. 한국음식의 분류_18

제2장 양념과 고명 ··· 28
1. 양념_28   2. 고명_33

제3장 한국음식의 분류 ·· 41
1. 주식류_41   2. 부식(찬품)류_43
3. 후식류_51

제4장 명절음식과 시절음식 ·· 53
1. 정월_53   2. 이월_54
3. 삼월_55   4. 사월_55
5. 오월_55   6. 유월_56
7. 칠월_56   8. 팔월_57
9. 구월_57   10. 시월_58
11. 동짓달_58   12. 섣달_58

제5장 한국음식의 상차림 ·· 59
1. 반상(飯床)차림_59   2. 죽상차림_61
3. 장국상(면상 : 麵床)차림_62   4. 주안상(酒案床)차림_62
5. 교자상차림_62   6. 백일상차림_63
7. 돌상_63   8. 혼례_64
9. 회혼_65   10. 제례_65

제6장 향토음식 ··· 67
1. 서울_68   2. 경기도_69
3. 충청도_69   4. 강원도_70
5. 전라도_71   6. 경상도_72
7. 제주도_73   8. 황해도_74
9. 평안도_75   10. 함경도_75

제2부 조리실습 기본자세

제1장 한식조리사의 길 ·· 78

제2장 전망 있는 한식 전공분야 ·· 82
　　1. 궁중음식 전문가_82　　　　　　2. 명절(세시)음식 전문가_82
　　3. 북한음식 전문가_82　　　　　　4. 사찰음식 전문가_83
　　5. 향토음식 전문가_83　　　　　　6. 김치 전문가_83
　　7. 장 전문가_84　　　　　　　　　8. 통과의례음식 전문가_84
　　9. 폐백 이바지 전문가_84　　　　　10. 떡 전문가_85

제3장 위생 및 안전 ·· 86
　　1. 조리사의 위생 점검사항_86　　　2. 개인복장_86
　　3. 재료위생_88　　　　　　　　　　4. 공간위생_89

제4장 조리공간의 화재예방 ·· 90
　　1. 조리공간의 안전과 화재예방_90

제5장 조리용구 ·· 93
　　1. 칼_93　　　　　　　　　　　　　2. 칼 다루는 법_93
　　3. 칼과 도마의 종류_94　　　　　　4. 칼의 손질_95
　　5. 숫돌 사용법_95

제6장 계량 ··· 96
　　1. 부피 측정_96　　　　　　　　　　2. 무게 측정_97
　　3. 계량방법_97　　　　　　　　　　4. 계량단위_99

제3부   한국음식 조리실습 I

한식 밥조리 ──────────────────────────────────── 104
　　비빔밥_106　　　　　　　　　콩나물밥_108

한식 죽조리 ──────────────────────────────────── 110
　　장국죽_112

한식 탕조리 ──────────────────────────────────── 114
　　완자탕_116

한식 찌개조리 ─────────────────────────────────── 118
　　두부젓국찌개_120　　　　　　생선찌개_122

한식 구이조리 ─────────────────────────────────── 124
　　더덕구이_126　　　　　　　　북어구이_128
　　너비아니구이_130　　　　　　제육구이_132
　　생선양념구이_134

한식 조림 · 초조리 ──────────────────────────────── 136
　　두부조림_138　　　　　　　　홍합초_140

한식 볶음조리 ─────────────────────────────────── 142
　　오징어볶음_144

한식 전 · 적조리 ───────────────────────────────── 146
　　육원전_148　　　　　　　　　표고전_150
　　풋고추전_152　　　　　　　　생선전_154
　　섭산적_156　　　　　　　　　지짐누름적_158
　　화양적_160

한식 숙채조리 ─────────────────────────────────── 162
　　칠절판_164　　　　　　　　　탕평채_166
　　잡채_168

한식 생채조리 ─────────────────────────────────── 170
　　무생채_172　　　　　　　　　도라지생채_174
　　더덕생채_176　　　　　　　　겨자채_178

한식 회조리 ──────────────────────────────────── 180
　　미나리강회_182　　　　　　　육회_184

한식 기초조리실무 ─────────────────────────────── 186
　　재료 썰기_190

한식 김치조리 192

배추김치_194   오이소박이_196

제4부 한국음식 조리실습 Ⅱ

어만두_200   임자수탕_202
계감정_204   도미면_206
궁중닭찜_208   쇠갈비찜_210
연저육찜_212   두부선_214
삼계선_216   해물잣즙채_218
구절판_220   삼색 밀쌈_222
대합구이_224   오리불고기_226
녹두빈대떡_228   맥적_230
사슬적_232   깍두기_234

부 록 한식조리기능사 수검안내

제1장 한식조리기능사 자격증 취득과정 238
제2장 조리기능장, 산업기사, 기능사 수검절차 안내 253

제1부

한국음식 개관

제1장 한국음식문화의 개요 **제2장** 양념과 고명 **제3장** 한국음식의 분류

제4장 명절음식과 시절음식 **제5장** 한국음식의 상차림 **제6장** 향토음식

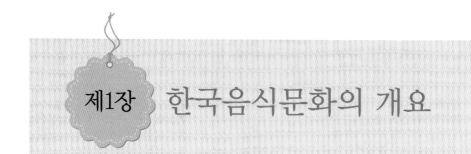

제1장 한국음식문화의 개요

1. 한국음식문화의 개요

우리나라는 유라시아대륙의 동북부에 위치한 반도국으로서 북쪽은 육로로 대륙과 연결되고, 3면은 바다로 산지가 전 국토의 70%를 차지하고 있다. 태백산맥과 함경산맥이 동쪽에 치우쳐 있고, 개마고원이 함경산맥의 북쪽으로 치우쳐 있어서 동쪽과 북쪽이 높고 남쪽은 낮다. 해안과 해류의 경우 동해안의 겨울철은 북한 한류가 남하하여 흐르고, 여름철에는 동한 한류가 북상하여 청진 부근까지 세력을 미친다. 근해의 수온은 동해안이 20℃ 정도이고 서해안이 23℃인데, 이런 환경에서 한류성 어족과 난류성 어족이 계절에 맞추어 회유하므로 좋은 어장을 이루고 있다.

또한 강우량, 온도, 일조율이 다면적 기후구를 이루고 있어 농업의 입지조건이 좋다. 우리나라는 사계절의 변화가 뚜렷하기 때문에 제철의 산출식품을 건조법, 염장법 등으로 저장하는 저장법이 발달했으며, 이로 인해 김치류, 장류, 젓갈류 등의 발효식품이 발달했다. 기후의 변화에 따라 식품 재료가 다양하게 생산되고, 반도국이므로 삼면의 바다에서 여러 종의 어패류가 산출된다. 또한 평야가 발달하여 쌀농사가 주산업이고 주식으로 쌀을 이용하기 때문에 이러한 곡물산업에 따른 부재료의 다양한 발전을 갖게 된 것이 우리의 음식문화이다.

특히 동해안, 서해안, 남해안과 같은 해안지역에서는 다양한 어패류들을 이용한 수산물 음식이 발달하였고 경북, 충청도와 같은 내륙지역에서는 논과 밭에서 나오는 작물을 이용한 음식이 많다. 강원도와 같은 산간지역에서는 산채류와 감자, 옥수수를 이용한 음식을 많이 만들어 먹었고 서울은 전국 각지에서 올라오는 해산물과 농산물을 이용한 다양한 음식을 만들어 먹는 문화가 형성되었다.

2. 한국음식문화의 형성

1) 신석기시대의 수렵과 농업

한반도에서 농업을 시작한 것은 신석기시대 이후로 추정된다. 그 이전의 시기에는 들짐승이나 산짐승, 조개류 등의 자연물이 식량의 대상이었다. 우리나라에서 농업이 시작된 것은 신석기 중기이고 처음에 식물생태의 관찰에 의해 열매 씨를 싹틔우고 파종하여 식생활이 안정되고 정착생활을 시작하였으며, 여자에 의해 발전된 농업의 형태를 이루었다. 일반적으로 원시농업이나 목축을 주로 하였으며, 신석기 중기경에 기장, 조, 피, 콩, 팥 등의 잡곡농사가 시작되었다. 신석기시대라는 개념은 일반적으로 원시농업이나 목축을 실시하여 식량생산 경제가 이루어졌던 배경에서 전개된 문화기를 가리킨다.

2) 철기시대 농경생활의 정착

기원전 4세기경에 철기문화가 전개되면서 농업도구가 철기로 바뀌었다. 삼한지역에서 철이 생산되었으므로 철기의 생산기술이 발달하면서 철제농구가 일찍 보급되어 농업 생산기술이 향상되고 농업이 번성하였다. 우리나라에서 보리농사가 시작된 삼한시기는 현재로서는 알 수 없으나 중국으로부터 전래된 것으로 보리의 원산지는 지중해 연안이며 기원전 1만여 년 전부터 보리와 밀의 야생종을 식용하다가 기원 7000여 년경부터 맥류를 본격적으로 재배하였다. 이것이 그리스를 거쳐 중앙아시아와 중국으로 전파되었다. 고기요리는 구워낸 맥적이 있었고, 시루에 찐 증숙요리에는 찐 밥, 떡, 고기와 어패류의 찜요리가 있었다. 또한 찬목법(鑽木法)을 이용해서 불을 지폈는데 이는 나무를 마찰시켜 불을 붙이는 발화법이다.

3) 한국 식생활구조의 성립기

고구려, 신라의 삼국을 거쳐 통일신라에 이르는 과정에서 한국의 주요 식량 생산 및 상용음식의 조리가공, 일상식의 기본양식, 주방의 설비와 식기 등 한국 식생활의 구조와 체계가 성립됐다. 삼국은 모두 중앙집권적인 귀족국가로서 왕권을 확립하고 농업을 기본산업으로 해서 국력과 영토 확장을 해나갔다. 고구려는 중국의 동북부에 위치하여 농업의 발달, 벼농사의 도입, 철기문화의 수용 등 대륙의 선진문화를 일찍 받아들였다. 조와 콩을 많이 재배하였고 일찍부터 나라에서 가난하고 어려운 사람을 돕는 구휼제도가 있어 나라에서 보관하는 곡식인 관곡(官穀)을 무상 또는 유상으로 방출하였다.

백제는 본래 벼농사의 적지로 있던 마한을 배경으로 성립되었다. 즉 백제는 중기경에 벼농사의 적지를 많이 점유했으므로 쌀의 주식화가 이루어졌다고 생각할 수 있다.

신라에서는 보리농사가 일반적이었다. 그러나 6세기에 벼농사 지역인 가야를 점령하고 벼농사의 적지를 점유하여 벼농사국이 되었다. 미곡이 증산되고 비축되는 사회환경에서 쌀밥은 부의 상징이 되어 주식이 일반화될 수 있었다.

일상생활의 모습으로 해석되는 고분벽화에 시루가 걸려 있다. 이런 모습은 그 당시에 시루가 주방의 기본 용구였음을 뜻하며 곡물음식도 찐 음식이 상용되었음을 알 수 있다.

곡물음식과 발효식품 및 기타 음식을 살펴볼 때 『삼국사기』에 의하면 떡과 밥은 제물로 쓰일 정도로 중요한 음식이었다. 발효식품으로 술, 기름, 장, 시(豉), 혜(醯), 포를 상용식품으로 비치하는 관습이 정착되었다. 그 밖에 구이, 찜, 나물과 같은 조리법이 사용되었으며 다른 것과 마찬가지로 차 역시 신라 27대 선덕여왕 때 중국으로부터 전래되었다.

4) 한국 식생활구조의 확립기

고려 이전에 형성되었던 일상식의 기본요소와 밥상차림으로 구성된 일상식의 양식은 고려에 와서 미곡의 증산과 숭불환경을 배경으로 한 것이다.

채소 재배가 발전함으로써 한국 김치의 전통이 확립되고, 병과류와 차가 발달하여 다과상차림의 규범이 성립된다. 또한 증류주법으로 양조법이 확대되었고 국가에서 정책적으로 만드는 공설주점(公設酒店)이 시작되었다.

또한 이 시대에는 떡의 조리기술도 발달하여 설기떡과 고려율고, 청애병 등이 발달하였다. 그리고 밀가루로 만든 상화와 국수가 성찬음식으로 쓰였다. 우리나라에서 차 마시는 풍습이 가장 성행했던 때는 고려시대인데 고려도 신라와 같이 궁중에 직제로써 '다방'을 두고 행사 때마다 '진다례'와 '다과상'에 대한 일을 담당하였다. 또한 차를 마실 수 있는 '다정'이 설치되고 차를 재배하는 '다촌'이 있었으며 중국의 송으로부터 고급차를 수입하기도 했다.

5) 한국 식생활문화의 정비기, 개화기의 서양음식

조선시대는 한국 식생활문화의 전통 정비기라 할 수 있다. 임진왜란을 전후한 시기에 도입된 고추, 호박과 같은 남방식품을 수용하여 재배에 성공함으로써 우리 음식문화 발전에 큰 동기를 이루게 한다. 한편 주거에 온돌이 보급되면서 조선 초기까지는 식사의 양식이 입식과 좌식으로 이원적이었던 것이 일원화되었다. 조선 중기에는 모내기의 실시로 유림문화가 신장되었으며 향토음식의 다양화를 가져왔다. 조선시대에는 농서도 간행되었는데『농사직설』,『금양잡록』,『농가집성』등이 전해진다. 과학 신장의 환경에서 식생활양식의 합리화가 이루어졌는데 대표적인 반상차림으로 3첩반상, 5첩반상, 7첩반상, 9첩반상이 있다. 조선시대의 가정은 대가족제도였기에 여러 세대가 한집에 모여서 조석으로 한솥의 밥을 먹으면서 생활하였다. 또한 상용 식사 준비를 위해 장, 젓갈, 장아찌, 나물 말리기, 김장, 메주쑤기와 같은 연중행사를 어김없이 수행하였다.

개화기에 들어서면서 서양음식의 도입이 늘어났는데 이는 여러 나라와 수호조약을 맺으면서 이루어졌다. 조선왕조가 한 · 미 수호조약을 체결하면서 여러 가지 문물이 서울로 들어왔다. 고종이 독일계 여인인 손탁 여사를 위해 손탁호텔을 열도록 한 것이 서양요리가 본격적으로 도입되는 계기가 되었다. 그리하여 1890년에 최초로 궁중에 커피와 홍차가 소개되었다.

왕조 함락 이후 궁내부 주임관으로 있으면서 궁중요리를 하던 안순환이 1909년 종로구 세종로에 명월관을 개점하였고, 그 이후 종로구 인사동에 태화관, 남대문로에 식도원을 다시 내면서 궁중음식의 명맥을 이어 오고 있다.

3. 한국 전통음식의 특징

한국음식의 특징과 식생활제도상의 특징 및 풍속상의 특징을 살펴보면 다음과 같다.

1) 한국음식의 특징

① 곡물의 가공 · 조리법이 다양하게 발달하였다.

우리나라의 지형, 기후상의 특성은 농업국으로 발전하기에 적합하여 다양한 곡물을 산출하였고 그를 이용한 다양한 조리 · 가공법이 발달될 수 있었다. 따라서 곡물음식은 우리의 가장 보편적이고 중심적인 전래음식이 되었다.

② 발효식품이 다양하게 개발되어 발달하였다.

고대에 우리의 영토였던 만주벌판이 콩의 원산지였으므로 일찍이 대두문화권을 형성하여 대두의 생산이 많았으며 대두를 이용한 된장, 간장 등의 발효식품이 개발되어 이용되고 있다. 또한 콩을 이용한 다양한 음식도 개발되어 이용되고 있다.

③ 주식과 부식이 분리형의 일상식으로 구분되었다.

고대로부터 국가적으로 중농정책을 시행하였으므로 곡물 음식의 상용화가 이루어져 곡물음식을 주식으로 하고 기타 여러 가지 재료로 만든 음식을 반찬으로 하여 먹는 주식·부식 분리형의 식생활이 형성되었다.

④ 육류의 부위별 활용 및 조미법이 발달되었다.

고대부터 수렵을 숭상하여 고사행의, 무속행의, 가례제향 시에 육류음식을 제물의 으뜸으로 여겼으나 육류 급원에 한계가 있었으므로 동물의 모든 부위를 조리에 활용하는 기술과 그에 따른 조미법의 특수성 등 육류의 조리솜씨가 발달되었다.

⑤ 음식의 맛이 다양하고 다양한 향신료를 사용한다.

간장, 설탕, 파, 마늘, 깨소금, 후춧가루, 참기름, 고춧가루 등의 향신료를 이용하여 식품 재료와 조미료가 복합적으로 어우러진 맛 등 다양한 맛의 음식을 조리한다.

⑥ 음식에 약식동원(藥食同源)의 개념이 들어 있다.

한국음식의 재료나 향신료의 쓰임새는 '먹는 음식은 몸에 약이 된다'라는 약식동원의 사상에서 비롯되었다. 일상의 음식에 한약재로 쓰이는 재료들이 흔히 사용되는데, 예로써 꿀, 계피, 잣, 인삼, 도라지, 쑥, 생강, 대추, 밤, 오미자, 구기자, 당귀 등을 들 수 있다. 그리고 음식 중에 약과, 약식, 약주 등 약(藥)자가 쓰인 경우도 많다. 이러한 것들은 평소의 식생활이 건강 유지에 매우 중요함을 인식한 결과라고 볼 수 있다.

⑦ 시식 및 절식 풍습이 발달하였다.

계절의 변화가 뚜렷하여 계절의 산출 식품으로 명절이나 절기에 시식과 절식을 마련하여 친척이나 이웃과 나누어 먹고 풍류를 즐기는 풍습이 있었다.

⑧ 상차림과 식사 예법에 유교의 영향을 받았다.

조선시대의 유교사상은 의례를 중히 여겼으므로 상차림에도 영향을 미쳐 통과의례인 돌, 혼례, 회갑, 상례, 제례 등의 행사에는 반드시 음식을 준비하였고 상에 차리는 음식의 종류와 격식도 정해진 대로 이루어졌다. 일상의 밥상차림은 1

인분씩 차리는 외상차림을 기본으로 하였고 상 차리기, 상 올리기 등 식사 예법에 엄격한 격식이 있었다.

2) 식생활제도상의 특징

① 대가족 중심의 가정에서 어른을 중심으로 모두가 독상이었다. 따라서 그릇과 밥상은 1인용으로 발달해 왔다.

② 음식은 처음부터 상 위에 전부 차려져 나오는 것을 원칙으로 했다. 이는 3첩, 5첩, 7첩, 9첩, 12첩 등 반상차림이라는 독특한 형식을 낳게 했다.

③ 식사의 분량이 그릇 중심이었다. 즉 상을 받는 사람의 식사량에 기준을 두는 것이 아니라 그릇을 채우는 것이 기준이었으므로 음식을 남기는 경우가 많다.

④ 식후에는 꼭 숭늉을 마셨다.

3) 풍속상의 특징

① 식생활에 풍류가 있으며 그 예로써 절기음식 등에서 공동의식의 풍속과 풍류성이 발달하였다.

② 의례를 중히 여겼다. 조화된 맛을 중요하게 여겼으므로 조미료, 향신료의 사용이 다양하고 조리 시 손이 많이 간다.

4. 한국음식의 분류

한국음식을 조리법에 따라 분류하면 다음과 같다.

1) 주식류

(1) 밥

밥은 한자어로 반(飯)이라 하고, 일반 어른에게는 진지, 왕이나 왕비는 수라, 제사에는 메 또는 젯메라 각각 지칭한다. 흰밥, 오곡밥, 잡곡밥, 채소밥, 비빔밥, 팥밥, 콩밥 등 쌀 이외의 재료에 따라 이름 지어진 많은 종류의 밥이 있다.

(2) 죽 · 미음 · 응이

모두 곡물로 만든 유동식 음식이며, 죽은 이른 아침에 내는 초조반이나 보양식, 병인식, 별식으로 많이 쓰인다.

종류	특성
죽	쌀 분량의 5~6배의 물을 사용 • 옹근죽: 쌀알을 그대로 쑤는 것 • 원미죽: 쌀알을 굵게 갈아 쑤는 것 • 무리죽: 쌀알을 곱게 갈아 쓰는 것 • 암죽: 곡물을 말려서 가루로 만들어 물을 넣고 끓인 것 예) 떡암죽, 밤암죽, 쌀암죽
미음	곡물 분량의 10배가량의 물을 붓고 낟알이 푹 물러 퍼질 때까지 끓인 다음 체에 밭쳐 국물만 마시는 음식
응이	곡물을 갈아 앙금을 얻어서 이것으로 쑨 것, '의이'라고도 함 예) 율무응이, 연근응이, 수수응이

(3) 국수

온면, 냉면, 칼국수, 비빔국수 등이 있다. 대개는 점심에 많이 차려지며 생일, 결혼, 회갑, 장례 등에 손님 접대용으로도 차린다.

① 평양냉면(물냉면)

메밀가루에 녹말을 약간 섞어 국수를 만든 뒤 잘 익은 동치미 국물과 육수를 합한 물에 말아 먹어야 제맛을 음미할 수 있고, 겨울철에 먹어야 완전한 제맛을 느낄 수 있다.

② 함흥냉면(비빔냉면, 회냉면)

함경도 지방에서 생산되는 감자녹말로 국수를 만들어 면발이 쇠 힘줄보다 질기고 오들오들 씹히는데 생선회나 고기를 고명으로 얹어 맵게 비벼 먹는다.

(4) 만두와 떡국

떡국은 겨울철 음식으로 정월 초하루에 먹는 절식이다. 북쪽지방에서는 정초에 떡국 대신 만두를 즐겨 먹기도 한다. 흰 가래떡을 납작하게 썰어 장국에 넣어 끓이는데 지방에 따라 모양을 달리 내기도 한다. 만두의 종류로는 모양에 따라 궁중의 병시, 편수, 규아상 등이 있고 밀가루, 메밀가루 등으로 껍질을 반죽한다.

만두의 종류	특징
병시	수저모양과 같다 하여 병시라 하는데 소를 넣고 둥글게 빚어 주름을 잡지 않고 반으로 접어 반달모양으로 빚고 장국에 넣어 끓인 것
편수	껍질을 모나게 빚어 소를 넣어 네 귀가 나도록 싸서 찐 여름철 만두
규아상(=미만두)	해삼모양으로 빚어 담쟁이 잎을 깔고 찐 것
어만두	생선을 얇게 저며 소를 넣어 만두모양으로 만들어 녹말을 묻혀 찌거나 삶아 건진 것
준치만두	고기와 준치살을 섞어 만두 크기로 빚어 녹말가루를 묻혀 찐 것

2) 부식(찬품)류

(1) 국(탕)

국은 갱(羹), 학(鶴), 탕(湯)으로 표기(한자음)되어 1800년대의 『시의전서』에 처음으로 '생치국'이라 하여 국이라는 표현이 나온다.

국은 맑은국, 토장국, 곰국, 냉국으로 나뉜다. 국의 재료로는 채소류, 수조육류, 어패류, 버섯류, 해조류 등 어느 것이나 사용된다. 맑은장국은 소금이나 청장으로 간을 맞추어 국물을 맑게 끓인 국이고, 토장국은 된장·고추장으로 간을 한 국, 곰국은 재료를 맹물에 푹 고아서 소금, 후춧가루로만 간을 한 곰탕, 설렁탕과 같은 것을 말한다. 냉국은 더운 여름철에 오이·미역·다시마·우무 등을 재료로 하여 약간 신맛을 내면서 차갑게 만들어 먹는 음식으로 산뜻하게 입맛을 돋우는 효과가 있다.

(2) 찌개(조치)·지짐이·감정

찌개는 조미재료에 따라 된장찌개, 고추장찌개, 맑은 찌개로 나뉘며 찌개와 마찬가지이나 국물을 많이 하는 것을 지짐이라고도 한다. 조치라 함은 보통 우리가 찌개라 부르는 것을 궁중에서 불렀던 이름인데 찌개는 국과 거의 비슷한 조리법으로 국보다 국물이 적고 건더기가 많으며 짠 것이 특징이다. 오늘날 우리나라 요리에서 조치란 찌개의 궁중용어에 지나지 않는다는 것이 상식이다. 또한 7첩 반상 이상의 상차림에서는 조치를 맑은 조치와 토장 조치의 두 가지로 차리기도 한다. 찌개보다 국물이 많은 것을 지짐이라 했다. 고추장찌개는 '감정'이라고도 하는데, 감정은 고추장과 약간의 설탕을 넣어 끓이는 것을 말한다.

(3) 전골

전골이란 육류와 채소에 밑간을 하고 담백하게 간을 한 맑은 육수를 국물로 하여 전골틀에서 끓여 먹는 음식이다. 육류, 해물 등을 전유어로 하고 여러 채소들을 그대로 색을 맞추어 육류와 가지런히 담아 끓이기도 한다.

근래에는 전골의 의미가 바뀌어 여러 가지 재료에 국물을 넉넉히 붓고 즉석에서 끓이는 찌개를 전골인 것처럼 혼동하여 쓰고 있다. 전골은 반상이나 주안상에 차려진다. 전골을 더욱 풍미 있게 한 것으로 신선로(열구자탕)가 있고 교자상, 면상 등에 차려진다.

(4) 찜·선

찜은 여러 가지 재료를 양념하여 국물과 함께 오래 끓여 익히거나 증기로 쪄서 익히는 음식이다. 대체로 육류의 찜은 끓여서 익히고 어패류의 찜은 증기로 쪄서 익힌다. 찜은 그 조리법이 분명하게 구별되지 않아서 달걀찜이나 어선처럼 김을 올려서 수증기로 찌는 것이 있는가 하면 닭찜이나 갈비찜처럼 국물을 자작하게 부어 뭉근하게 조리는 마치 조림과 비슷한 형태의 찜도 있다. 선(膳)이란 특별한 조리의 의미는 없고 좋은 음식을 나타내는 말이다. 선이 붙은 음식은 대개가 호박, 오이, 가지 등의 식물성 재료에 다진 쇠고기 등의 부재료를 소로 채워 장국을 부어서 익힌 음식이 많은데 오이선, 호박선, 가지선, 어선, 두부선이 있다. 때에 따라 녹말을 묻혀서 찌거나 볶아서 초장을 찍어 먹기도 한다. 맛과 색이 산뜻하여 전채요리로 많이 이용된다.

(5) 전 · 적

전은 기름을 두르고 지지는 조리법으로 전유어 · 전유아 · 저냐 · 전야 등으로 부르기도 한다. 궁중에서는 전유화라 하였고 제사에 쓰이는 전유어를 간남 · 간납 · 갈랍이라고도 한다. 지짐은 빈대떡 · 파전처럼 재료들을 밀가루 푼 것에 섞어서 기름에 지져내는 음식이다. 적은 육류와 채소 · 버섯을 양념하여 꼬치에 꿰어 구운 것을 일컫는데 '산적'은 익히지 않은 재료를 꼬치에 꿰어 지지거나 구운 것이고 '누름적'은 재료를 양념하여 익힌 다음 꼬치에 꿴 것과 재료를 꿰어 전을 부치듯 옷을 입혀서 지진 것의 두 가지가 있다.

(6) 구이

구이는 특별한 기구 없이 할 수 있는 조리법이며 구이를 할 때 재료를 미리 양념장에 재워 간이 밴 후에 굽는 법과 미리 소금 간을 하였다가 기름장을 바르면서 굽는 방법이 있다.

식품을 직접 불에 굽는 것 또는 열 공기층에서 고온으로 가열하면 내면에 열이 오르는 동시에 표면이 적당히 타서 특유한 향미를 가지게 된다. 구이는 풍미를 즐기는 고온 요리이다. 조리상 중요한 것은 불의 온도와 굽는 정도이다. 식품이 갖고 있는 이상의 풍미를 내기 위한 여러 가지 구이 방법이 있다.

(7) 조림 · 초

조림은 주로 반상에 오르는 찬품으로 육류, 어패류, 채소류로 만든다. 궁중에서는 조림을 조리게, 조리니라고 하였다. 오래 저장하면선 먹을 것은 간을 약간 세게 한다. 조림요리는 어패류, 우육 등의 간장, 기름 등을 넣어 즙액이 거의 없도록 간간하게 익힌 요리이며, 밥반찬으로 널리 상용되는 것이다. 초는 볶는 조리의 총칭이다. 초(炒)는 한자로 볶는다는 뜻이 있으나 우리나라의 조리법에서는 조림처럼 끓이다가 국물이 조금 남았을 때 녹말을 풀어 넣어 국물이 걸쭉하여 전체가 고루 윤이 나게 조리는 조리법이다. 초는 대체로 조림보다 간을 약하고 달게 하며 재료로는 홍합과 전복이 가장 많이 쓰인다.

(8) 생채 · 숙채

생채는 계절마다 새로 나오는 싱싱한 채소를 익히지 않고 초장 · 초고추장 · 겨자장 등으로 무쳐 달고 새콤하고 산뜻한 맛이 나도록 조리한 것이다.

숙채는 대부분의 채소를 재료로 쓰며 푸른 잎채소들은 끓는 물에 데쳐서 갖은 양념으로 무치고, 고사리 · 고비 · 도라지는 삶아서 양념하여 볶는다. 말린 채소류는 불렸다가 삶아 볶는다. 구절판 · 잡채 · 탕평채 · 죽순채 등도 숙채에 속한다.

(9) 회 · 숙회

신선한 육류, 어패류를 날로 먹는 음식을 회라 하며 육회 · 갑회 · 생선회 등이 있다. 어패류 · 채소 등을 익혀서 초간장 · 초고추장 · 겨자장 등에 찍어 먹는 음식을 숙회라 하며 어채 · 오징어숙회 · 강회 등이 있다.

(10) 장아찌 · 장과

장아찌는 채소가 많은 철에 간장 · 고추장 · 된장 등에 넣어 저장하여 두었다가 그 재료가 귀한 철에 먹는 찬품으로 '장과'라고도 한다. 마늘장아찌 · 더덕장아찌 · 마늘종 · 깻잎장아찌 · 무장아찌 등이 있다. 장과 중에는 갑장과와 숙장과가

있다. 갑장과는 장류에 담그지 않고 급하게 만든 장아찌라는 의미이며, 숙장과는
익힌 장아찌라는 의미로 오이숙장과 · 무갑장과 등이 있다.

(11) 편육 · 족편 · 묵

편육은 쇠고기나 돼지고기를 덩어리째로 삶아 익혀 베보자기에 싸서 무거운 것
으로 눌러 단단하게 한 후 얇게 썰어 양념장이나 새우젓국을 찍어 먹는 음식이다.

족편이란 육류의 질긴 부위인 쇠족과 사태 · 힘줄 · 껍질 등을 오래 끓여 젤라틴
성분이 녹아 죽처럼 된 것을 네모진 그릇에 부어 굳힌 다음 얇게 썬 것을 말한다.
조선시대의 궁중에서 족편과 비슷한 전약이라 하여 쇠족에 정향, 생강, 후춧가루,
계피 등의 한약재를 한데 넣고 고아서 굳힌 음식으로 보양식을 만들었으나 지금
은 거의 없어진 음식이다. 묵은 전분을 풀처럼 쑤어 응고시킨 것으로 청포묵 · 메
밀묵 · 도토리묵 등이 있다.

(12) 포

포에는 육포와 어포가 있다. 육포는 주로 쇠고기를 간장으로 조미하여 말리고
어포는 생선을 통째로 말리거나 살을 포로 떠서 소금으로 조미하여 말린다. 쇠고
기로 만든 포에는 육포 · 편포 · 대추포 · 칠보편포 등이 있고 최고급 술안주나 폐
백음식으로 쓰인다. 어포에는 민어 · 대구 · 명태 · 오징어 등이 쓰인다.

(13) 튀각 · 부각 · 자반

튀각은 다시마 · 참죽나무 잎 · 호두 등을 기름에 바싹 튀긴 것이고, 부각은 재
료를 그대로 말리거나 풀칠을 하여 바싹 말렸다가 필요할 때 튀겨서 먹는 밑반찬
이다. 부각의 재료로는 감자 · 고추 · 김 · 깻잎 · 참죽나무 잎 등을 많이 쓴다. 자
반은 고등어자반 · 준치자반 · 암치자반처럼 생선을 소금에 절이거나 채소 또는
해산물에 간장 또는 찹쌀풀을 발라 말려서 튀기는 등 짭짤하게 만든 밑반찬을 이
르는 말로 좌반(佐飯)이라고도 한다.

(14) 김치

채소류를 절여서 발효시킨 저장음식으로 배추·무 외에도 그 지역에서 제철에 많이 나는 채소 등으로 만든다. 김치 담그기를 '염지'라 하여 '지'라고 부르게 되었으며 상고시대에는 김치를 '저(菹)'라는 한자어로 표기하였다. 『삼국유사』에는 김치 젓갈무리인 '저해(菹醢)'가 기록되어 있으며『고려사』, 『고려사절요』에서는 저(菹)를 찾아볼 수 있다. '저(菹)'란 날 채소를 소금에 절여 차가운 데 두고 숙성시킨 김치무리를 말한다.

(15) 젓갈·식해

젓갈은 어패류를 소금에 절여서 염장하여 만드는 저장식품이다. 새우젓·멸치 젓 등은 주로 김치의 부재료로 쓰이고 명란젓·오징어젓·창란젓·어리굴젓·조 개젓 등은 반찬으로 이용된다. 식해는 어패류에 엿기름 익힌 곡물을 섞고 고춧가 루·파·마늘·소금 등으로 조미하여 저장해 두고 먹는 음식이다. 가자미식해· 도루묵식해·연안식해 등이 있다.

3) 후식류

(1) 떡

떡은 만드는 방법에 따라 찐 떡·친 떡·빚는 떡·지지는 떡 등으로 분류된다.

분류	내용
찐 떡	곡물을 가루로 하여 시루에서 쪄내는 떡으로 설기떡과 켜떡으로 구분된다. 설기떡은 무리떡이라고도 하며 백설기·콩설기·쑥설기·밤설기·잡과병·당귀병 등이 있다. 켜떡은 편이라고도 하며 켜켜이 고물을 넣고 찐 떡으로 붉은팥 시루편, 색편, 두텁떡, 물호박떡 등이 있다.
친 떡	찹쌀이나 멥쌀가루를 쪄낸 후 절구나 안반에서 매우 쳐서 끈기가 나게 한 떡으로 인절미, 절편, 흰떡, 개피떡 등이 있다.

빚는 떡	찹쌀가루나 멥쌀가루를 익반죽하여 모양을 빚은 후 찌거나 삶아서 만드는 떡으로 경단, 송편, 단자 등이 이에 속한다.
지지는 떡	찹쌀이나 찰곡식의 가루를 익반죽하여 모양을 빚은 후 기름에 지져내는 떡으로 화전, 주악, 부꾸미가 있다.

(2) 한과

한과는 쌀이나 밀 등 곡물가루에 꿀, 엿, 설탕 등을 넣고 반죽하여 기름에 튀기거나, 과일, 열매, 식물의 뿌리 등을 꿀로 조리거나 버무린 뒤 굳혀서 만든 과자이다. 종류로는 유과, 유밀과, 숙실과, 과편, 다식, 정과, 엿강정 등이 있다.

분류	내용
유밀과 (油蜜菓)	밀가루를 주재료로 하여 기름과 꿀을 부재료로 섞고 반죽해서 여러가지 모양으로 빚어 기름에 지진 과자를 일컫는다. 유밀과는 한과 중 가장 대표적인 과자로 흔히 약과라고 하며 모약과, 다식과, 만두과, 연약과, 매작과, 차수와 등이 있다.
유과 (油菓)	삭힌 찹쌀가루를 쪄낸 후 절구나 안반에서 매우 쳐서 모양내어 말린 후 기름에 튀겨 꿀이나 조청을 바르고 튀밥·깨를 묻힌 과자이다.
다식류 (多食類)	볶은 곡식의 가루나 송홧가루를 꿀로 반죽하여 다식판에 넣어 찍어낸 것이다. 다식은 원재료의 고유한 맛과 결착제로 쓰이는 꿀의 단맛이 잘 조화된 것이 특징이다.
정과류 (正果類)	비교적 수분이 적은 식물의 뿌리나 줄기, 열매를 살짝 데쳐 설탕물이나 꿀, 또는 조청에 조린 것으로 정과(正果)라고도 한다. 달콤하면서 쫄깃한 정과류에는 연근정과, 생강정과, 행인정과, 동아정과, 수삼정과, 모과정과, 무정과, 귤정과 등이 있다.
과편류 (果片類)	과실이나 열매를 삶아 거른 즙에 녹말가루를 섞거나 설탕, 꿀을 넣고 조려 엉기게 한 다음 썬 것으로 젤리와 비슷한 과자이다. 재료별로 앵두편, 복분자편, 모과편, 산사편, 살구편, 오미자편 등이 있따.
엿강정류	여러가지 곡식이나 견과류를 조청 또는 엿물에 버무려 서로 엉기게 한 뒤 반대기를 지어서 약간 굳었을 때 썬 과자이다.
엿류	쌀, 보리, 옥수수, 수수, 고구마 등의 곡물을 가루 내어 얻은 녹말에 보리를 싹 틔어 만든 엿기름을 넣고 당화시켜 조청이 된 것을 더 고아서 만든 당과(糖菓)이다.

(3) 화채 · 차

화채란 계절의 과일을 얇게 저며서 설탕이나 꿀에 재웠다가 끓여 식힌 물이나 오미자즙을 부어 차게 하여 먹는 음료이다. 화채의 종류로는 각종 과일화채, 수정과, 배숙, 식혜, 수단, 원소병, 제호탕 등이 있다.

차란 제철의 과일을 꿀에 재워 청(맑은 즙)을 만들어두거나 약재를 갈아 꿀에 재워두거나 약재를 말려 보관해 두고 수시로 달여서 뜨겁게 마시는 음료이다. 종류로는 유자차 · 모과차 · 꿀차 · 생강차 · 계피차 · 인삼차 · 구기자차 · 봉수탕 · 여지장 등이 있다.

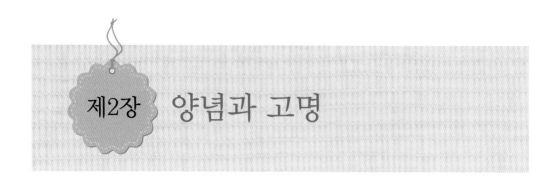

제2장　양념과 고명

1. 양념

　우리말로는 조미료를 양념(藥念)이라 한다. 먹어서 몸에 약처럼 이롭다는 뜻으로 간장·된장·고추장·소금·설탕·기름·식초·깨소금·후춧가루·고춧가루·실고추·다진 파·다진 마늘·다진 생강 등이 쓰였다. 고추가 유입되기 이전에는 천초(川椒)가 많이 쓰였다. 분량을 가늠할 때에는 약을 다루듯이 부족하지 않도록, 지나치지 않도록 유의하였으며 대부분의 음식에는 파·마늘·생강 다진 것을 가미하여 비린내·누린내·풋내 등을 가시게 하였다.

1) 간장

　간장의 '간'은 소금의 짠맛을 나타내며 음식 맛을 좌우하는 기본적인 조미료로 주성분은 아미노산·당분·염분이다. 숙성과정에서 아미노산과 기타 성분의 조화가 잘 이루어지면 맛 좋은 간장이 된다.

　음식에 따라 간장의 종류를 구별하여 써야 한다. 국, 찌개, 나물 등에는 색이 옅은 청장을 쓰고 조림, 포, 초 등의 조리와 육류의 양념에는 진간장을 쓴다. 전유어, 만두, 편수 등에는 초간장을 곁들여 낸다.

2) 된장

　된장의 '된'은 되직한 것을 뜻한다. 재래식으로는 늦가을에 흰콩을 무르게 삶고 네모지게 메주를 빚어, 따뜻한 곳에 곰팡이를 충분히 띄워서 말려두었다가 음력 정월 이후 소금물에 넣어 장을 담근다. 장맛이 충분히 우러나면 국물만 모아 간장 물로 쓰고, 건지는 모아 소금으로 간을 하여 따로 항아리에 꼭꼭 눌러서 된장으로 쓴다. 종래에는 간장을 뺀 나머지로 된장을 만든 것이 있고 메주를 소금물에 담가 만든 것이 있다. 된장은 짜지 않고 색이 노랗고 부드럽게 잘 삭은 것이 좋다. 주로 토장국, 된장찌개, 쌈장, 장떡의 재료로 쓰인다.

된장은 예부터 '오덕(五德)'이라 하여 "첫째, 단심(丹心) : 다른 맛과 섞어도 제 맛을 낸다. 둘째, 항심(恒心) : 오랫동안 상하지 않는다. 셋째, 불심(佛心) : 비리고 기름진 냄새를 제거한다. 넷째, 선심(善心) : 매운맛을 부드럽게 한다. 다섯째, 화심(花心) : 어떤 음식과도 조화를 잘 이룬다."고 하여, 우리나라의 전통식품으로 구수한 고향의 맛을 상징하게 된 식품이라 할 수 있다.

3) 고추장

찹쌀고추장, 보리고추장, 밀고추장 등이 있으며 감칠맛은 찹쌀고추장이 좋고, 보리고추장은 구수한 맛이 있다. 고추장은 먹으면 개운하고 독특한 자극을 준다. 콩에서 나오는 단백질원과 구수한 맛, 찹쌀·멥쌀·보리쌀 등의 탄수화물 식품에서 나오는 당질과 단맛, 고춧가루에서 나오는 붉은색과 매운맛, 간을 맞추기 위해 사용된 간장과 소금으로부터는 짠맛이 한데 어울려, 조화미(調和美)가 강조된 영양적으로도 우수한 식품이다.

토장국, 고추장찌개의 맛을 내고 생채, 숙채, 조림, 구이 등의 조미료로 쓰이며 볶아서 찬으로도 하고 그대로 쌈장에 쓰기도 한다.

4) 소금

소금은 짠맛을 내는 기본 조미료이며 한문으로는 식염(食鹽)이라고 한다. 소금은 음식 맛을 내는 기본 조미료로, 소금의 종류는 제조방법에 따라 호렴, 재염, 제재염, 맛소금 등으로 나눌 수 있다. 호렴은 입자가 굵어 모래알처럼 크고 색이 약간 검다. 대개 장을 담그거나 채소나 생선의 절임용으로 쓰인다. 재염은 호렴에서 불순물을 제거한 것으로 제재염보다는 거칠고 굵으며, 간장이나 채소, 생선의 절임용으로 쓰인다. 제재염은 보통 꽃소금이라 불리는 희고 입자가 굵은 소금으로 가정에서 가장 많이 쓰인다. 맛소금은 소금에 글루탐산나트륨 등 화학조미료를 약 1% 정도 첨가한 것으로 식탁용으로 쓰인다.

5) 식초

생채, 겨자채, 냉국 등에 신맛을 내기 위해 쓰이며 초간장, 초고추장을 만드는 데 쓰인다. 식초는 음식의 풍미를 더하여 식욕을 증진시키고 상쾌함을 주며, 음식 전체의 색을 선명하게 해주고, 생선의 비린내를 없애줄 뿐만 아니라 방부·살균 작용을 하기 때문에 신선도를 유지해 주기도 한다. 식초는 술이 산화 발효되어 신맛을 내는 초산을 주체로 한 발효양념으로, 사람이 만들어낸 최초의 조미료라고 할 수 있다. 이것은 자연발생적으로 만들어진 과실주(果實酒)가 발효되어 식초로 변했기 때문이다. 식초의 종류에는 양조식초와 합성식초가 있다.

6) 기름

참기름, 들기름, 콩기름이 쓰였다. 참기름은 참깨를 볶아서 짠 기름인데 향미가 있어 우리 음식에 잘 어울린다. 찌꺼기는 잘 받쳐 가라앉히고 볕이 쬐지 않는 곳에 밀봉, 보관하여 사용해야 맛이 변하지 않는다. 참깨를 볶을 때 지나치게 볶으면 색깔이 검어 음식을 만들 때 불편한 경우가 있으므로 알맞게 볶아 짜도록 한다.

참기름은 불포화지방산이 많고 발연점이 낮아 튀김기름으로 쓰이지 않으며, 나물은 물론 고기양념 등 향을 내기 위해 거의 모든 음식에 쓰인다. 참기름은 무침 같은 나물요리에는 필수적으로 넣으며 가열요리에는 마지막에 넣어야 향을 살릴 수 있다. 고기나 생선으로 포를 떠서 말릴 때 양념으로 참기름을 넣으면 건조과정에서 유지가 산패되어 좋지 않은 냄새가 난다. 따라서 이럴 때에는 먹기 직전에 기름을 발라 구워 먹는다.

들기름은 들깨를 볶아서 짠 것으로 그 특유한 향기와 맛이 있어 볶음요리나 전을 부칠 때, 김에 발라 굽거나 나물에 넣어 먹는다. 면실유, 콩기름은 튀김요리와 볶는 요리에 사용한다.

7) 깨소금

잘 볶은 깨로 만들어야 맛있는 깨소금이 된다. 깨끗하게 씻어서 일어 건지고, 물기를 뺀 다음 팬이나 냄비에 볶는다. 이때 고르게 볶으려면 한꺼번에 많은 양을 볶지 말고, 밑에 깔릴 정도로 볶아야 한다. 깨알이 팽창되고 손끝으로 부숴보아 잘 부서지게 볶아졌으면 뜨거울 때 소금을 조금 섞어서 적당히 빻는다. 너무 곱게 빻으면 음식의 볼품이 좋지 않다. 준비된 깨소금은 밀봉되는 양념그릇에 넣어 향이 가시지 않도록 한다.

8) 고추

고추는 색이 곱고 껍질이 두터우며 윤기가 나는 것으로 고른다. 경북 영양(英陽)에서 재배되는 영양초가 가장 좋고, 호고추는 색도 짙고 두터우나 자극성이 적고 음식에 넣었을 때 영양초에 비하여 색이 선명하지 못하므로 음식 종류에 따라 적당한 것을 고른다.

고추의 빨간 빛깔은 캡산틴(capsanthin)이라는 성분이고 매운맛은 캡사이신이라는 성분 때문인데 0.2~0.4%밖에 안 되는데도 매운맛을 강하게 낸다. 고추의 매운맛은 입안의 혀를 자극하는 특징이 있다. 김치를 담그는 데 한국 고추가 좋다고 하는 것은, 단맛과 매운맛의 조화가 잘 이루어졌기 때문이다.

(1) 고춧가루 : 씨를 빼고 행주로 깨끗하게 닦아서 말린 다음 빻는다.

① 고운 가루…고추장, 조미료용

② 중간 가루…김치, 깍두기용

③ 굵은 가루…여름 풋김치용

(2) 실고추 : 마른 고추의 씨를 빼고 행주로 깨끗이 닦아서 가늘게 채썬 것인데 기계로 썰어 놓은 것을 쓰는 게 간편하다. 실고추는 나박김치, 양념, 웃고명 등으로 쓰인다.

9) 후춧가루

향기와 자극성이 강해 고기요리, 생선요리에 적당하며 누린내나 비린내를 가시게 하고 식욕을 돋우어준다. 음식에 따라 검은 후춧가루, 흰 후춧가루, 통후추 등으로 구별하여 사용한다.

검은 후추는 육류와 색이 진한 음식에, 흰 후추는 흰살생선이나 채소류, 색이 연한 음식에 적당하다.

10) 겨자

갓의 씨앗을 갈아 가루로 만든 것을 사용하는데 따뜻한 물로 오래 개어야 매운 성분이 우러나 분해가 빨리 된다. 겨자는 겨잣가루에 따뜻한 물을 넣고 오랫동안 잘 갠다. 이때 뽀얗게 되면 뚜껑을 덮어 따뜻한 곳(40℃ 정도)에 20~30분간 놓아 두면 매운 자극성이 잘 풍기게 된다. 자극성분의 발산을 방지하기 위하여 따뜻한 곳에 엎어두기도 한다.

사용할 때도 식초, 설탕과 필요에 따라서는 닭국물, 잣즙과 같은 맛있는 국물에 섞어서 쓰고 고운 즙으로 써야 할 경우에는 면포에 밭치면 된다.

11) 계핏가루

계수나무의 껍질을 말린 것으로 두껍고 큰 것은 육계라 하며, 작은 나뭇가지를 계지라 한다. 육계(肉桂)를 빻아 가루로 한 것으로 일반적인 요리에는 많이 사용되지 않으나 편류, 유과류, 전과류, 강정류에 많이 쓰인다. 잘 봉해 놓고 습기 없는 곳에 보관한다. 계지는 물을 붓고 달여서 수정과의 국물이나 계피차로 쓴다.

12) 파, 마늘, 생강

파, 마늘을 양념으로 사용할 때에는 채로 썰거나 다져서 쓴다. 파, 마늘의 자극 성분이 고기류, 생선요리의 누린내, 비린내, 채소류의 풋냄새를 가시게 하므로 우리나라 요리에는 거의 빠지지 않고 쓰인다.

대파의 푸른 부분은 자극이 강하고 쓴맛이 많으므로 다져서 사용하기에는 적합하지 않다.

마늘은 나물, 김치, 양념장 등에 곱게 다져서 쓰고, 동치미, 나박김치에는 채썰거나 납작하게 썰어 넣는다. 고명으로 쓸 때에는 채썰어 사용한다.

생강은 쓴맛과 매운맛을 내며 강한 향을 가지고 있어, 어패류나 육류의 비린내를 없애준다. 또한 생강은 식욕을 증진시키고 몸을 따뜻하게 하는 작용이 있어, 한약 재료로도 많이 쓰인다.

13) 설탕, 꿀, 조청

설탕은 고려시대에 들어왔으며 귀해서 일반에서는 널리 쓰이지 못하였다. 단맛뿐만 아니라 윤기와 끈기를 주며 신맛과 짠맛을 완화시킨다. 흡습성이 높아 저장할 때에는 밀봉해서 보관해야 덩어리가 생기지 않는다. 꿀은 방부작용을 하며 실온보관이 가능하다. 조청은 곡류를 엿기름으로 당화시켜 오래 고아서 걸쭉하게 만든 묽은 엿으로 독특한 향이 남아 있다. 한과, 밑반찬, 조림에 많이 쓰인다.

2. 고명

고명에 사용되는 재료로 청색은 미나리 · 실파 · 쑥갓 · 오이, 적색은 실고추 · 홍고추 · 당근, 황색은 달걀 노른자, 흰색은 달걀 흰자, 흑색은 소고기 · 목이버섯·표고버섯 등이 사용되고 있다. 고명은 맛보다는 장식이 주목적이며 음식 위에 뿌리거나 얹는 것이다. '웃기' 또는 '꾸미'라고도 하고 음식을 아름답게 꾸며 돋보이게 하고 식욕을 촉진시켜 주며, 음식을 품위 있게 해준다.

고명의 다섯 가지 색채는 우주공간을 상징할 때 사용하는 5방색인 동(청색 : 간장), 서(흰색 : 폐), 남(홍색 : 심장), 북(흑색 : 신장), 중앙(황색 : 위)과 일치하며 시간을 상징하는 봄, 여름, 가을, 겨울과 변화를 일으키는 중심도 다섯 가지 색으로 나타내므로 음양오행의 전통문화를 공유한 한국음식의 독창적인 형태라고 할 수 있다.

1) 달걀지단

달걀은 흰자와 노른자로 나누어 각각 소금을 넣고 풀어 사용한다. 거품은 걷어주고 체 또는 면포에 내려 사용해야 빛깔 고운 지단을 만들 수 있다. 식용유를 두르고 불을 약하게 한 후 풀어놓은 달걀을 부어서 얇게 펴 양면을 지져 용도에 맞는 모양으로 썬다.

지단은 흰색과 노란색을 가진 자연식품 중 가장 널리 쓰인다. 채썬 지단은 국수나 잡채 고명에, 골패형인 직사각형은 겨자채, 신선로 등에 쓰이며 완자형인 마름모꼴은 국이나 찜, 전골의 고명에 쓰인다.

줄알이란 뜨거운 장국이 끓을 때 푼 달걀을 줄을 긋듯이 줄줄이 넣어 부드럽게 엉기게 하는 것을 말하는데 국수, 만둣국, 떡국 등에 쓰인다.

2) 미나리초대

미나리를 깨끗이 씻어 줄기만을 약 3~4cm 정
도의 길이로 잘라 굵은 쪽과 가는 쪽을 번갈아 대
꼬치에 빈틈없이 꿰어서 칼등으로 자근자근 두들
겨서 네모지게 한 장으로 하여 밀가루를 얇게 묻힌
후 계란물에 담갔다가 팬에 식용유를 두르고 계란
지단 부치듯이 양면을 지진다. 지나치게 오래 지지면 색이 나쁘다. 달걀의 흰자와
노른자를 따로 풀어서 입히는 경우도 있다. 미나리가 세고 좋지 않을 때는 가는
실파를 미나리와 같은 요령으로 부친다. 지져서 채반에 꺼내어 식은 후에 완자형
이나 골패형으로 썰어 탕, 전골, 신선로 등에 넣는다.

3) 완자

완자는 봉오리라고도 하며 소고기의 살을 곱게
다져 양념하여 고루 섞어 둥글게 빚는다. 물기를
짠 두부를 곱게 으깨어 섞기도 하며, 완자의 양념
은 간장 대신 소금으로 해야 질척거리지 않고, 파,
마늘은 최대한 곱게 다져 넣고 설탕이나 깨소금은
조금만 넣어 오래 치대야 완자가 곱다. 완자의 크기는 음식에 따라 직경 1~2cm
정도로 빚는다. 둥글게 빚은 완자는 밀가루를 얇게 입히고, 풀어놓은 달걀물에 담
가 옷을 입혀서 프라이팬에 식용유를 두르고 굴리면서 고르게 지진다. 면이나 전
골, 신선로의 웃기로 쓰이고, 완자탕의 건지로 쓰인다.

4) 고기 고명

소고기를 곱게 다져서 간장, 설탕, 파, 마늘, 깨소금, 참기름, 후춧가루 등으로 양념하여 볶아 만든 다진 고기 고명은 비빔밥이나 비빔국수 고명으로 쓴다. 쇠고기를 가늘게 채썰어 양념하여 만든 고기채 고명은 떡국이나 국수 고명으로 얹는다. 지방에 따라 떡국에 고기산적을 작게 만들어 얹기도 한다.

5) 버섯류

말린 표고버섯, 목이버섯, 석이버섯 등을 손질하여 고명으로 주로 사용한다.

① 표고버섯

표고버섯은 만드는 음식에 따라 적당한 크기의 것으로 골라서 미지근한 물에 불려서 부드러워지면 기둥은 떼어내고 용도에 맞게 썬다. 지나치게 더운물로 불리면 색깔도 검고 향기도 좋지 않다. 떠오르지 않도록 접시로 눌러 두어 충분히 부드러워질 때까지 불린다. 표고를 담근 물은 맛 성분이 많이 우러나 좋으므로 국이나 찌개 국물로 이용하면 좋다. 고명으로 쓸 때는 고기 양념장과 마찬가지로 양념하여 볶으면 맛있다.

전을 부칠 때는 작은 표고버섯을 선택하며, 표고채로 썰어 쓰려면 크고 두꺼운 것을 얇게 저민 다음 구절판용, 잡채용으로 썰도록 한다.

② 석이버섯

석이버섯은 되도록 부서지지 않은 큰 것을 골라
미지근한 물에 불려 양손으로 비벼 안쪽의 이끼를
말끔하게 벗겨낸다. 여러 번 물에 헹구어서 바위에
붙어 있던 모래를 말끔히 떼어낸다. 석이를 채로
썰 때는 돌돌 말아서 곱게 썰어 보쌈김치, 국수, 잡
채, 떡 등의 고명으로 쓴다. 또는 달걀 흰자에 석이를 다져 석이지단을 부치기도
하며 전골, 찜 고명으로 사용한다.

6) 실고추

곱게 말린 고추를 갈라 씨를 발라내고 젖은 행주
로 덮어 부드럽게 하여 두 개씩 합하여 꼭꼭 말아
서 곱게 채썬다. 나물이나 국수, 잡채의 고명으로
쓰이고 나박김치의 고명으로도 쓰인다.

7) 고추(청 · 홍)

말리지 않은 홍고추나 풋고추를 갈라서 씨를 빼
고 채로 썰거나 완자형, 골패형으로 썰어 잡채나
국수의 웃기로 쓰인다. 익힌 음식의 고명으로 쓸
때는 끓는 물에 살짝 데친다.

8) 실파와 미나리

가는 실파나 미나리 줄기를 데쳐서 3~4cm 길이
로 썰어 찜, 전골, 국수의 웃기로 쓴다. 푸른색을
좋게 하려면 넉넉한 물에 소금을 약간 넣고 데친
뒤 바로 찬물에 헹궈서 완전히 식혀 쓰면 색이 곱다.

9) 깨(참깨, 검은깨, 깨소금)

참깨를 잘 일어 씻은 뒤 볶아서 빻지 않고 나물, 잡채, 적, 구이 등의 고명으로 그대로 뿌린다.

곱게 빻은 깨는 고기 양념 등에 넣으면 좋다.

10) 잣

잣은 대개 딱딱한 껍질을 까고 얇은 껍질까지 벗겨서 시판되고 있다. 잣은 굵고 통통하고 기름이 겉으로 배지 않고 보송보송한 것이 좋다. 뾰족한 쪽의 고깔을 떼고 통째로 쓰거나 길이로 반을 갈라 비늘잣으로 하거나, 도마 위에 종이를 겹쳐 깔고

잘 드는 칼로 곱게 다진 잣가루로 사용을 한다. 보관할 때는 종이에 싸두어야 여분의 기름이 배어나와 잣가루가 보송보송하다.

통잣은 전골, 탕, 신선로 등의 웃기나 차나 화채에 띄우고, 비늘잣은 만두소나 편의 고명으로 쓴다. 잣가루는 회, 적, 구절판, 너비아니, 불고기 등에 뿌려서 모양과 맛을 내며 초간장에도 넣는다. 한과류 중 강정이나 단자 등의 고물로 쓰이고 잣박산, 마른안주로도 많이 쓰인다.

11) 은행

은행은 딱딱한 껍질을 까고 달구어진 프라이팬에 식용유를 두르고 굴리면서 볶은 후 마른행주로 싸서 비벼 속껍질을 벗긴다. 소금을 약간 넣고 끓는 물에 벗기는 방법도 있다.

신선로, 전골, 찜 고명으로 쓰이고 볶아서 소금으로 간을 하여 두세 알씩 꼬치에 꿰어서 마른안주로도 쓴다. 다져서 떡 만들 때

넣기도 한다.

12) 호두

딱딱한 껍질을 벗기고 알맹이가 부서지지 않게
꺼내어, 반으로 갈라서 뜨거운 물에 데쳤다가 대꼬
치 등 날카로운 것으로 속껍질을 벗긴다. 호두살을
너무 오래 담가두면 불어서 잘 부서지고 껍질 벗기
기가 어렵다. 많은 양을 벗길 때는 여러 번에 나누
어 불려서 벗긴다. 찜이나 신선로, 전골 등의 고명으로 쓰인다. 속껍질까지 벗긴 호
두알은 바싹 말려 기름에 튀긴 후 소금, 설탕을 약간 뿌려 마른안주로 사용한다.

13) 대추

대추는 실고추처럼 붉은색의 고명으로 쓰이는데
단맛이 있어 어느 음식에나 적합하지는 않다. 마른
대추는 찬물에 재빨리 씻어 건져 마른행주로 닦고,
창칼로 씨만 남기고 살을 발라낸 뒤 채썰어 고명으
로 쓴다. 찜, 삼계탕에는 통째로 넣고 보쌈김치, 백
김치, 식혜, 차 등에는 곱게 채썰어 넣는다. 돌돌 말아 얇게 썬 대추는 떡이나 한
과의 웃기로 많이 쓰인다.

14) 밤

단단한 겉껍질과 창칼로 속껍질까지 말끔히 벗
긴 후 찜에는 통째로 넣고, 곱게 채썬 밤은 떡, 백
김치 고명으로 사용하고, 삶아서 체에 내린 밤은
단자와 떡소로 쓰인다. 예쁘게 깎은 생률은 마른안

주로 가장 많이 사용하며, 납작하고 얇게 썰어서 보쌈김치, 겨자채, 냉채 등에도 넣어 아삭한 맛을 즐긴다.

15) 알쌈

알쌈은 골동반(비빔밥)이나 신선로, 떡국, 만둣국 등의 고명으로 쓰인다. 기름에 지져낸 완자소를 달걀지단 속에 넣고 양끝을 맞붙여 반달 모양으로 익혀서 사용한다.

16) 오이, 호박, 당근채

4cm 크기로 잘라 얇게 돌려깎기한 후 겹쳐 놓고 곱게 채썬다. 국수장국, 비빔국수, 칼국수 등의 고명으로 사용한다. 비빔밥, 구절판, 잡채용으로도 많이 사용한다.

제3장 한국음식의 분류

한국음식은 주식류, 부식류, 후식류로 분류할 수 있다.

1. 주식류

1) 밥

밥은 한자어로 반(飯)이라 하고, 일반 어른에게는 진지, 왕이나 왕비에게는 수라, 제사에는 메 또는 젯메라 각각 지칭한다. 곡물을 호화시키기 위하여 초기에는 토기에 곡물과 물을 넣고 가열하여 죽을 만들다가 시루가 생김에 따라 곡물을 시루에 찌다가 철로 만든 솥이 보급됨에 따라 밥을 짓는다는 뜻의 취(炊)가 되었다.

2) 죽·미음·응이

모두 곡물로 만든 유동식 음식이며, 죽은 이른 아침에 내는 초조반이나 보양식, 병인식, 별식으로 많이 쓰인다.

궁중에서는 우유를 넣은 타락죽이 있으며, 쑤는 방법에 따라 죽, 미음, 응이로 세분화되어 있다.

종류	특성
죽	쌀 분량의 5~6배의 물을 사용 • 옹근죽 : 쌀알을 그대로 쑤는 것 • 원미죽 : 쌀알을 굵게 갈아 쑤는 것 • 무리죽 : 쌀알을 곱게 갈아 쑤는 것 • 암죽 : 곡물을 말려서 가루로 만들어 물을 넣고 끓인 것 예) 떡암죽, 밤암죽, 쌀암죽
미음	곡물 분량의 10배가량의 물을 붓고 낟알이 푹 물러 퍼질 때까지 끓인 다음 체에 밭쳐 국물만 마시는 음식
응이	곡물을 갈아 앙금을 얻어서 이것으로 쑨 것. '의이'라고도 함 예) 율무응이 · 연근응이 · 수수응이

3) 국수

온면 · 냉면 · 칼국수 · 비빔국수 등이 있다. 대개는 점심에 많이 차려지며 생일, 결혼, 회갑, 장례 등에 손님 접대용으로도 차린다.

① 평양냉면(물냉면)

메밀가루에 녹말을 약간 섞어 국수를 만든 뒤 잘 익은 동치미 국물과 육수를 합한 물에 말아 겨울철에 먹어야 제맛을 음미할 수 있다.

② 함흥냉면(비빔냉면, 회냉면)

함경도 지방에서 생산되는 감자녹말로 국수를 만들어 면발이 쇠 힘줄보다 질기고 오들오들 씹히는데 생선회나 고기를 고명으로 얹어 맵게 비벼 먹는다.

4) 떡국과 만두

떡국은 겨울철 음식으로 정월 초하루에 먹는 절식이다. 북쪽지방에서는 정초에 떡국 대신 만두를 즐겨 먹기도 한다. 흰 가래떡을 납작하게 썰어 장국에 넣어 끓이는데 지방에 따라 모양을 달리 내기도 한다. 만두의 종류는 모양에 따라 궁중의 병시, 편수, 규아상 등이 있고 밀가루, 메밀가루 등으로 껍질을 반죽한다.

만두의 종류	특성
병시(餅匙)	수저모양과 같다 하여 병시라 하는데 소를 넣고 둥글게 빚어 주름을 잡지 않고 반으로 접어 반달모양으로 빚고 장국에 넣어 끓인 것
편수(片水)	껍질을 모나게 빚어 소를 넣어 네 귀가 나도록 싸서 찐 여름철 만두
규아상(=미만두)	해삼모양으로 빚어 담쟁이잎을 깔고 찐 것
어만두	생선을 얇게 저며 소를 넣어 만두모양으로 만들어 녹말을 묻혀 찌거나 삶아 건진 것
준치만두	고기와 준치살을 섞어 만두 크기로 빚어 녹말가루를 묻혀 찐 것
굴린만두	만두피로 싸지 않고 녹말을 여러 번 무쳐 두꺼운 껍질을 입히는 것

2. 부식(찬품)류

1) 국(탕)

국은 갱(羹), 학(臛), 탕(湯)으로 표기(한자음)되어 1800년대의 『시의전서』에 처음으로 '생치국'이라 하여 국이라는 표현이 나온다. 국은 맑은국, 토장국, 곰국, 냉국으로 나뉜다. 국의 재료로는 채소류, 수조육류, 어패류, 버섯류, 해조류 등 어느 것이나 사용된다.

갱(羹)	학(臛)	탕(湯)
• 채소를 위주로 끓이는 국 • 고기가 있는 국 • 새우젓으로 간을 하여 끓인 국 • 제사에 쓰이는 국(메갱) • 궁중에서 원반에 놓이는 국	• 고기를 위주로 끓이는 국 • 동물성 식품으로 끓이는 국 • 채소가 없는 국	• 보통의 국 • 제물로 쓰이는 국 • 간장으로 끓이는 국 • 궁중에서 협반에 놓이는 국 • 향기나는 약용식물이나 약이성 재료를 달여서 마시는 음료

맑은장국은 소금이나 청장으로 간을 맞추어 국물을 맑게 끓인 것이고, 토장국은 고추장 또는 된장으로 간을 한 국, 곰국은 재료를 맹물에 푹 고아서 소금, 후

춧가루로만 간을 한 곰탕, 설렁탕과 같은 것을 말한다. 냉국은 더운 여름철에 오이 · 미역 · 다시마 · 우무 등을 재료로 하여 약간 신맛을 내면서 차갑게 만들어 먹는 음식으로 산뜻하게 입맛을 돋우는 효과가 있다.

▶ 국을 맛있게 끓이는 방법

① 맑은장국은 간장 맛이 좋아야 한다

맑은장국은 보통 간장으로 간을 맞추어 맑게 끓이는 것이므로 주재료나 끓이는 솜씨에 따라서도 맛이 달라지긴 하겠지만 간장 맛이 좋아야 국이 감칠맛이 난다. 간장의 색이 너무 진해서 국물의 색이 진해질 때는 소금과 함께 간하여 국물을 맑게 한다.

② 간장을 넣은 후 끓기 전에는 젓지 않는다

국은 마지막에 간장으로 맛을 조절하지만 간장을 넣은 후 다음에는 끓을 때까지 젓거나 달걀 같은 것을 넣지 않는다. 끓기 전에 저으면 간장 냄새가 심하고 국물이 맛이 없다.

③ 국물을 맑게 하려면 달걀 흰자를 풀어 넣는다

맑은장국의 국물이 맑지 않을 때는 끓는 국물에 단단하게 거품 낸 달걀 흰자를 넣어 고루 저어주면 달걀이 응고되면서 국물에 떠 있는 찌꺼기를 흡수해서 국물이 맑아진다. 이렇게 해서 달걀 흰자가 완전히 응고되면 숟가락으로 떠낸다.

---

2) 찌개(조치) · 지짐이 · 감정

찌개는 조미재료에 따라 된장찌개, 고추장찌개, 맑은 찌개로 나뉘며 찌개와 마찬가지이나 국물을 많이 하는 것을 '지짐이'라고도 한다. 보통 찌개라 하는 것을 궁중에서는 '조치'라 하는데 찌개는 국과 거의 비슷한 조리법으로 국보다 국물이 적고 건더기가 많으며 짠 것이 특징이다. 찌개는 밥에 따르는 찬품의 하나로 건더기가 국보다 많고 간은 센 편이다. 또한 궁중에서는 고추장으로 조미한 찌개를 감정, 국물이 찌개보다 적은 것은 지짐이라고도 한다. 감정은 고추장과 약간의 설탕을 넣어 끓이는 것을 말한다.

토장찌개는 된장을 물에 개어서 물을 조금 붓고 다진 쇠고기와 표고버섯을 넣어 참기름, 다진 파, 마늘, 생강으로 양념하여 너무 짜지 않게 뚝배기에 끓였다. 반가에서는 건더기는 조금 넣고 된장을 진하게 넣고 끓여 강된장찌개를 먹었다.

3) 전골

전골이란 육류와 채소에 밑간을 하고 담백하게 간을 한 맑은 육수를 국물로 하여 전골틀에서 끓여 먹는 음식이다. 육류, 해물 등을 전유어로 하고 여러 채소들을 그대로 색을 맞추어 육류와 가지런히 담아 끓이기도 한다.

근래에는 전골의 의미가 바뀌어 여러 가지 재료에 국물을 넉넉히 붓고 즉석에서 끓이는 찌개를 전골인 것처럼 혼동하여 쓰고 있다. 전골 반상이나 주안상에 차려진다. 전골을 더욱 풍미 있게 한 것으로 신선로(열구자탕)가 있고 교자상, 면상 등에 차려진다. 1700년대의『경도잡지(京都雜誌)』를 보면 냄비 이름에 "전립토"라는 것이 있다. 벙거지 모양에서 이런 이름이 생긴 것이다.

4) 찜 · 선

찜은 여러 가지 재료를 양념하여 국물과 함께 오래 끓여 익히거나 증기로 쪄서 익히는 음식이다. 대체로 육류의 찜은 끓여서 익히고 어패류의 찜은 증기로 쪄서 익힌다. 찜은 그 조리법이 분명하게 구별되지 않아서 달걀찜이나 어선처럼 김을 올려서 수증기로 찌는 것이 있는가 하면 닭찜이나 갈비찜처럼 국물을 자작하게 부어 뭉근하게 조리는 마치 조림과 비슷한 형태의 찜도 있다.

선(膳)이란 특별한 조리의 의미는 없고 좋은 음식을 나타내는 말이다. 선이 붙은 음식은 대개가 호박, 오이, 가지 등의 식물성 재료에 다진 쇠고기 등의 부재료를 소로 채워 장국을 부어서 익힌 음식이 많은데 오이선, 호박선, 가지선, 어선, 두부선이 있다. 때에 따라 녹말을 묻혀서 찌거나 볶아서 초장을 찍어 먹기도 한다. 맛과 색이 산뜻하여 전채요리로 많이 이용된다.

5) 전 · 적 · 지짐

전은 기름을 두르고 지지는 조리법으로 전유어, 전유아, 저냐, 전야 등으로 부르기도 한다. 궁중에서는 전유화라 하였고 제사에 쓰이는 전유어를 간남 · 간납 · 갈랍이라고도 한다. 지짐은 빈대떡, 파전처럼 재료들을 밀가루 푼 것에 섞어서 기름에 지져내는 음식이다.

적(炙)은 산적, 누름적, 지짐누름적으로 분류할 수 있는데 산적은 익히지 않은 재료를 꼬치에 꿰어서 굽거나 지진 것으로 산적과 잡산적이 있다. 누름적은 재료를 각각 양념하여 익힌 다음 꼬치에 꿴 것으로 누름적, 돼지누름적, 각종 화양적 등이 있다. 지짐누름적은 재료를 꿰어 전을 부치듯이 옷을 입혀서 지진 것이다.

▶ 전, 지짐 할 때의 요령

① 기름을 두르는 것도 전의 성격에 따라 가감한다.
- 곡류를 곱게 갈아 흡유량이 많기 때문에 곡류전은 기름을 넉넉히 두른다. 그래야 바삭한 느낌을 얻을 수 있다.
- 야채전은 기름을 적게 한다. 기름이 많으면 색이 쉽게 누래지고, 밀가루 또는 계란옷이 쉽게 벗겨지기 때문이다.

② 점성을 높이거나 부드러움을 주기 위해서는 재료를 잘 선택하여 넣는다.
- 쌀가루, 밀가루, 찹쌀가루를 넣어야 하는 경우 : 전의 모양이 형성되지 않고 뒤집을 때 어려움이 있을 때나 계란을 넣어 보풀림이 있을 때(스펀지케이크와 같은 현상)
- 계란을 넣어야 하는 경우 : 전의 모양을 높이로 도톰하게 형성하기도 하지만 부드러움을 줄 때
- 계란과 밀가루, 쌀가루 또는 찹쌀가루를 혼합하여 사용하는 경우 : 전의 모양을 형성하기도 하고 점성을 높일 때

---

6) 구이

구이는 특별한 기구 없이 할 수 있는 조리법이며 구이를 할 때 재료를 미리 양

념장에 재워 간이 밴 후에 굽는 법과 미리 소금 간을 하였다가 기름장을 바르면서 굽는 방법이 있다. 구이는 인류가 화식(火食)을 시작하면서 최초로 개발한 조리법이다. 직화법(直火法)으로 먼 불로 쬐어 굽는 것을 적(炙), 꼬챙이에 꿰어 굽거나 돌을 달구어 고기를 가까운 불에 굽는 것을 번(燔), 약한 불로 따뜻하게 하는 것은 은(穩)이라 한다.

식품을 직접 불에 굽는 것 또는 열 공기층에서 고온으로 가열하면 내면에 열이 오르는 동시에 표면이 적당히 타서 특유의 향미를 가지게 된다. 구이는 풍미를 즐기는 고온 요리이다. 조리상 중요한 것은 불의 온도와 굽는 정도이다. 식품이 갖고 있는 이상의 풍미를 내기 위한 여러 가지 구이 방법이 있다.

우리나라 전통의 고기구이는 맥적(貊炙)이다. 맥은 중국의 동북지방으로 고구려를 뜻하며 고구려 사람들의 고기구이로 중국까지 널리 알려지다 고려시대에 숭불정책으로 살생과 육식을 금지하면서 조리법이 잊혀졌다가 몽골의 영향으로 옛 조리법을 되찾아 설하멱(雪下覓)이라 불렸으며 이것이 오늘날의 너비아니이다.

7) 조림·초

조림은 주로 반상에 오르는 찬품으로 육류, 어패류, 채소류로 만든다. 궁중에서는 조림을 조리니라고 하였다. 오래 두고 먹는 것은 간을 약간 세게 한다. 조림요리는 어패류, 우육 등의 간장, 기름 등을 넣어 즙액이 거의 없도록 간간하게 익힌 요리이며, 밥반찬으로 널리 상용되는 것이다. 조림은 약한 불에서, 국물을 끼얹어가며 조린다. 생선조림을 할 때 다 조려졌는지 아닌지는 재료의 무른 정도를 보고 결정한다. 계속 조리고 있어야만 건더기에 간이 배는 것이 아니므로 젓가락으로 찔러봐서 쑥 들어갈 정도일 때 불을 끈다. 불을 끄고 그대로 두면 간이 배어든다. 조림을 할 때 국물을 너무 많이 잡으면 조려지는 데 시간이 걸려 모양이 망가질 수 있으므로 주의한다.

초는 볶는 조리의 총칭이다. 초(炒)는 한자로 볶는다는 뜻이 있으나 우리나라의 조리법에서는 조림처럼 끓이다가 국물이 조금 남았을 때 녹말을 풀어 넣어 국물이 걸쭉하고 전체가 고루 윤이 나게 조리는 조리법이다. 초는 대체로 조림보다 간을 약하고 달게 하며 재료로는 홍합과 전복이 가장 많이 쓰인다.

8) 생채 · 숙채

우리나라는 시기와 절기에 맞추어 적합한 나물요리를 해먹는 대표적인 나라가 되었다. 생채는 계절마다 새로 나오는 싱싱한 채소를 익히지 않고 초장 · 초고추장 · 겨자장 등으로 무쳐 달고 새콤하고 산뜻한 맛이 나도록 조리한 것이다. 각종 생채 이외에 겨자채, 잣즙냉채 등이 있다.

숙채는 대부분의 채소를 재료로 쓰며 푸른 잎채소들은 끓는 물에 데쳐서 갖은 양념으로 무치고, 고사리 · 고비 · 도라지는 삶아서 양념하여 볶는다. 말린 채소류는 불렸다가 삶아 볶는다. 구절판 · 잡채 · 탕평채 · 죽순채 등도 숙채에 속한다.

9) 회 · 숙회

신선한 육류, 어패류를 날로 먹는 음식을 회라 하며 육회 · 갑회 · 생선회 등이 있다. 어패류 · 채소 등을 익혀서 초간장 · 초고추장 · 겨자장 등에 찍어 먹는 음식을 숙회라 하며 어채 · 오징어숙회 · 강회 등이 있다.

10) 장아찌 · 장과

장아찌는 채소가 많은 철에 간장 · 고추장 · 된장 등에 넣어 저장하여 두었다가 그 재료가 귀한 철에 먹는 찬품으로 '장과'라고도 한다. 마늘장아찌 · 더덕장아찌 · 마늘종 · 깻잎장아찌 · 무장아찌 등이 있다. 장과 중에는 갑장과와 숙장과가 있다. 갑장과는 장류에 담그지 않고 급하게 만든 장아찌라는 의미이며, 숙장과는 익힌 장아찌라는 의미로 오이숙장과 · 무갑장과 등이 있다. 오이, 무, 배추, 열무 등의 채소를 절여서 볶거나 간장물에 조려서 만든다.

11) 편육 · 족편 · 묵

편육은 쇠고기나 돼지고기를 덩어리째로 삶아 익혀 베보자기에 싸서 무거운 것으로 눌러 단단하게 한 후 얇게 썰어 양념장이나 새우젓국을 찍어 먹는 음식이다.

족편이란 육류의 질긴 부위인 사태 · 힘줄 · 껍질 등을 오래 끓여 젤라틴 성분이 녹아 죽처럼 된 것을 네모진 그릇에 부어 굳힌 다음 얇게 썬 것을 말한다. 조선시대의 궁중에서 족편과 비슷한 것을 전약이라 하여 쇠족에 정향, 생강, 후춧가루, 계피 등의 한약재를 한데 넣고 고아서 굳힌 음식으로 보양식을 만들었으나 지금은 거의 없어진 음식이다.

묵은 전분을 풀처럼 쑤어 응고시킨 것으로 청포묵 · 메밀묵 · 도토리묵 등이 있다. 이것은 메밀, 녹두, 도토리 등의 가루를 물에 앉혀 앙금을 되게 쑤어 식혀서 엉기게 한 음식이다. '탕평채'는 청포묵과 여러 가지 채소를 양념장에 함께 무친 것을 말한다.

12) 포

포에는 육포와 어포가 있다. 육포는 주로 쇠고기를 간장으로 조미하여 말리고 어포는 생선을 통째로 말리거나 살을 포로 떠서 소금으로 조미하여 말린다. 쇠고기로 만든 포에는 육포 · 편포 · 대추포 · 칠보편포 등이 있고 최고급 술안주나 폐백음식으로 쓰인다. 어포에는 민어 · 대구 · 명태 · 오징어 등이 쓰인다.

13) 튀각 · 부각 · 자반

튀각은 다시마 · 참죽나무잎 · 호두 등을 기름에 바싹 튀긴 것이고, 부각은 재료를 그대로 말리거나 풀칠을 하여 바싹 말렸다가 필요할 때 튀겨서 먹는 밑반찬이다. 부각의 재료로는 감자 · 고추 · 김 · 깻잎 · 참죽나무잎 등을 많이 쓴다. 자반은 고등어자반, 준치자반, 암치자반처럼 생선을 소금에 절이거나 채소 또는 해산물에 간장 또는 찹쌀풀을 발라 말려서 튀기는 등 짭짤하게 만든 밑반찬을 이르는 말로 좌반(佐飯)이라고도 한다.

분류	내용
포	육포, 칠보편포, 대추편포, 육포쌈, 염포, 암치포, 대구포, 전복쌈
부각	깻잎부각, 김부각, 참죽부각, 다시마부각
마른안주	잣솔, 생률, 호두튀김, 은행볶음
자반	고추장볶이, 매듭자반, 북어무침, 참죽자반, 준치자반, 풋고추자반, 감자반, 미역자반
마른 찬	북어보푸라기, 북어포무침, 잔멸치볶음, 마른새우볶음, 오징어채볶음 암치포무침, 김무침

14) 김치

채소류를 절여서 발효시킨 저장음식으로 배추, 무 외에도 그 지역에서 제철에 많이 나는 채소 등으로 만든다. 김치 담그기를 '염지'라 하여 '지'라고 부르게 되었으며 상고시대에는 김치를 '저(菹)'라는 한자어로 표기하였다. '저'에 고추와 젓갈을 넣고 숙성시켜 발효된 것을 김치라 한다. 서양의 피클에서 나는 짠맛과 신맛 이외에 발효미가 있다. 산패하기 직전에 나는 맛이 발효미이며 산패를 저지하고 그 상태를 유지시키는 것이 고추의 역할이다.

15) 젓갈 · 식해

젓갈은 어패류를 소금에 절여서 염장하여 만드는 저장식품이다. 새우젓 · 멸치젓 등은 주로 김치의 부재료로 쓰이고, 명란젓 · 오징어젓 · 창란젓 · 어리굴젓 · 조개젓 등은 반찬으로 이용된다. 식해는 어패류에 엿기름 익힌 곡물을 섞고 고춧가루 · 파 · 마늘 · 소금 등으로 조미하여 저장해 두고 먹는 음식이다. 가자미식해 · 도루묵식해 · 연안식해 등이 있다.

3. 후식류

1) 떡

떡은 만드는 방법에 따라 찐 떡 · 친떡 · 빚는 떡 · 지지는 떡 등으로 분류된다.

분류	내용
찐 떡	곡물을 가루로 하여 시루에서 쪄내는 떡으로 설기떡과 켜떡으로 구분된다. 설기떡은 무리떡이라고도 히며 백설기 · 콩설기 · 쑥설기 · 밤설기 · 잡과병 · 당귓병 등이 있다. 켜떡은 편이라고도 하며 켜켜이 고물을 넣고 찐 떡으로 붉은팥 시루편 · 색편 · 두텁떡 · 물호박떡 등이 있다.
친떡	찹쌀이나 멥쌀가루를 쪄낸 후 절구나 안반에서 매우 쳐서 끈기가 나게 한 떡으로 인절미 · 절편 · 흰떡 · 개피떡 등이 있다.
빚는 떡	찹쌀가루나 멥쌀가루를 익반죽하여 모양을 빚은 후 찌거나 삶아서 만드는 떡으로 경단 · 송편 · 단자 등이 이에 속한다.
지지는 떡	찹쌀이나 찰곡식의 가루를 익반죽하여 모양을 빚은 후 기름에 지져내는 떡으로 화전 · 주악 · 부꾸미가 있다.

2) 한과

한과는 쌀이나 밀 등 곡물가루에 꿀, 엿, 설탕 등을 넣고 반죽하여 기름에 튀기거나, 과일, 열매, 식물의 뿌리 등을 꿀로 조리거나 버무린 뒤 굳혀서 만든 과자이다. 종류로는 유과, 유밀과, 숙실과, 과편, 다식, 정과, 엿강정 등이 있다.

분류	내용
유밀과 (油蜜菓)	밀가루를 주재료로 하여 기름과 꿀을 부재료로 섞고 반죽해서 여러 가지 모양으로 빚어 기름에 지진 과자를 일컫는다. 유밀과는 한과 중 가장 대표적인 과자로 흔히 약과라고 하며 모약과, 다식과, 만두과, 연약과, 매작과, 차수과 등이 있다.
유과 (油菓)	삭힌 찹쌀가루를 쪄낸 후 절구나 안반에서 매우 쳐서 모양내어 말린 후 기름에 튀겨 꿀이나 조청을 바르고 튀밥 또는 깨를 묻힌 과자이다.
다식류 (茶食類)	볶은 곡식의 가루나 송홧가루를 꿀로 반죽하여 다식판에 넣어 찍어낸 것이다. 다식 원재료의 고유한 맛과 결착제로 쓰이는 꿀의 단맛이 잘 조화된 것이 특징이다.

정과류 (正果類)	비교적 수분이 적은 식물의 뿌리나 줄기, 열매를 살짝 데쳐 설탕물이나 꿀, 또는 조청에 조린 것으로 전과(煎果)라고도 한다. 달콤하면서 쫄깃한 정과류에는 연근정과, 생강정과, 행인정과, 동아정과, 수삼정과, 모과정과, 무정과, 귤정과 등이 있다.
과편류 (果片類)	과실이나 열매를 삶아 거른 즙에 녹말가루를 섞거나 설탕, 꿀을 넣고 조려 엉기게 한 다음 썬 것으로 젤리와 비슷한 과자이다. 재료별로 앵두편, 복분자편, 모과편, 산사편, 살구편, 오미자편 등이 있다.
엿강정류	여러 가지 곡식이나 견과류를 조청 또는 엿물에 버무려 서로 엉기게 한 뒤 반대기를 지어서 약간 굳었을 때 썬 과자이다.
엿류	쌀, 보리, 옥수수, 수수, 고구마 등의 곡물을 가루 내어 얻은 녹말에 보리를 싹 틔워 만든 엿기름을 넣고 당화시켜 조청이 된 것을 고아서 만든 당과(糖果)이다.

3) 화채 · 차

화채란 계절의 과일을 얇게 저미서 설탕이나 꿀에 재웠다가 끓여 식힌 물이나 오미자즙을 부어 차게 하여 먹는 음료이다. 화채의 종류로는 각종 과일화채, 수정과, 배숙, 식혜, 수단, 원소병, 제호탕 등이 있다.

차란 제철의 과일을 꿀에 재워 청(맑은 즙)을 만들어두거나 약재를 갈아 꿀에 재워두거나 약재를 말려 보관해 두고 수시로 달여서 뜨겁게 마시는 음료이다. 종류로는 유자차 · 모과차 · 꿀차 · 생강차 · 계피차 · 인삼차 · 구기자차 · 봉수탕 · 여지장 등이 있다.

제4장

명절음식과 시절음식

절식이란 다달이 있는 명절에 차려 먹는 음식이고 특별한 날 특별한 음식을 만들어 먹는 것을 말한다. 시식은 봄, 여름, 가을, 겨울 등 계절에 따라 나는 식품으로 차려 먹는 음식을 말한다. 세시풍속은 "해마다 일정한 시기가 오면 습관적으로 반복하여 거행하는 생활행위" 또는 "일상생활에 있어서 계절에 맞추어 습관적으로 되풀이되는 민속" 혹은 "자연신앙과 조상숭배를 바탕으로, 종교, 주술적 복합행위와 놀이가 한데 어울린 철갈이 행사"라 할 수 있다. 사계절이 뚜렷한 우리나라는 계절에 따라 세시행사를 하였는데 이것은 농업을 중심으로 한 음력에 따라 이루어진다. 음력은 달을 위주로 한 자연력이므로 생산과 직결되는 계절감에 맞아 지금도 농업, 어업에 종사하는 사람에게는 기준이 되는 것이다. 우리나라는 춘하추동 사계절이며 24절기가 있다.

1. 정월

1) 설날

설날은 음력 정월 초하룻날로 원단(元旦), 원일(元日), 세수(歲首)라고 한다.

정초에 차례를 지내느라 만드는 음식과 세배 손님들에게 내는 음식들을 세찬(歲饌)이라 한다. 멥쌀가루를 쪄서 안반에 놓고 쳐서 끈기나게 하여 길게 가래떡을 늘린다. 이 흰떡으로 떡국을 끓인다. 그리고 그 외에 만둣국, 약식, 약과, 다식,

전과, 강정, 전야, 빈대떡, 편육, 족편, 누름적, 떡찜, 떡볶이, 생치구이, 전복초, 숙실과, 생실과, 수정과, 식혜, 젓국지, 동치미, 장김치 등이 있고, 정월 삼일의 절식으로는 당귀말점증병(승검초찰편), 꿀찰떡, 봉오리떡(두텁떡), 오리알산병, 삼색주악, 각색 단자 등이 있다.

2) 입춘(立春)

음력 12월 말이나 정월 초에 입춘이 온다. 봄이 시작되는 좋은 명절날이다. 집집마다 입춘대길(立春大吉)이라는 봄맞이 글귀를 대문, 난간, 기둥에 써붙인다.

3) 대보름(上元日)

대보름은 1월 15일로 저녁에 달을 보면 일 년의 운이 좋다고 하여 달맞이를 하고 서울에서는 답교놀이를 한다. 오곡밥을 짓고, 묵은 나물을 마련하여 이웃 간에 서로 나누어 먹는다. 대보름의 절식은 오곡밥, 묵은 나물, 약식, 유밀과, 원소병, 부럼 등이다.

2. 이월

이월 초하룻날을 중화절(中和節)이라 한다. 정조 원년(1766)에 당나라의 중화절을 본떠서 농사일을 시작하는 날로 삼아 노비(奴婢)들에게 나이 수대로 송편을 나누어 먹이고 하루 일을 쉬게 했다. 그러므로 노비일 또는 머슴날이라 하였다. 아이 머슴들이 어른들에게 술을 한턱내고 어른으로 인정받아 어른들과 품앗이를 할 수 있게 되고 새경(곡식으로 따지는 연봉)도 어른과 같이 일 년을 작정하여 받게 된다.

3. 삼월

1) 삼짇날

음력 3월 3일은 강남에 갔던 제비가 돌아오는 날이라고 하며, 삼짇날이라고 한다. 그 유래는 신라 가락국의 전설에 나오는 부의 개설 또는 국수 천대의 시기를 삼월 초로 잡은 것에서 시작되었다. 또 중국의 풍속을 따라 처음에는 상사일(上巳日)을 명절로 삼았는데 후에는 초삼일로 고정하니 삼(三)이 겹쳐서 중삼(重三)이란 명칭도 생겼다 한다.

삼짇날의 절식은 청주(淸酒), 삼색 견과(堅果), 육포, 어포, 절편, 녹말편, 조기면, 진달래화전, 화면, 진달래화채 등이다.

2) 한식(寒食)

한식날은 청명절이라고도 하며, 동지부터 105일째 되는 날이다. 성묘(省墓)는 일 년에 네 번으로 청초, 한식, 단오, 중추(中秋)를 지키는데, 한식과 추석을 가장 잘 지킨다. 제물은 술, 과식, 포, 식혜, 떡, 국수, 탕, 적 등이다.

4. 사월

4월 초파일은 석가모니의 탄생일이라 하여 이날 저녁에 연등하여 경축한다. 중국의 연등회는 정월 15일이지만 우리나라는 고려시대부터 4월로 옮겨졌다. 이날의 절식으로는 증편, 삶은 콩, 미나리강회, 느티잎시루떡 등이 있다.

5. 오월

단옷날에는 부녀자들이 창포 뿌리를 머리에 꽂거나 창포 삶은 물에 머리를 감는다. 떡에 취를 이겨 넣어 녹색이 나게 만들어 수레바퀴 모양으로 문양을 찍어내어 수리취떡이라 하니 단옷날을 수릿날이라고도 한다. 조선시대 말기까지만 해도 4대 명절의 하나로 단오 차례를 지내기도 했다.

단오의 절식으로는 수리치떡, 알탕, 준치만두, 앵두화채, 제호탕, 생실과 등이 있다.

6. 유월

유월 보름을 유두(流頭)라 하는데 대개 신라의 옛 풍속을 따른다. 동으로 흐르는 냇물에 머리를 감고 모든 부정을 다 떠내려 보낸다. 또 유두연(流頭宴)이라 하여 산골짜기나 경치 좋은 물가를 찾아서 술을 마시고 즐긴다. 하루를 청유하고 시를 짓는 것이 옛날부터 내려오는 풍류놀이라 할 수 있다.

유두의 절식은 편수, 봉선화화전, 색비름화전, 맨드라미화전, 밀쌈, 구절판, 깻국탕, 어채, 복분자(산딸기)화채, 떡수단, 보리수단, 참외, 상화병 등이다.

7. 칠월

1) 칠석(七夕)

음력 7월 7일의 밤은 견우와 직녀별이 만나는 날로 칠석으로 지켜진다. 부녀자들은 길쌈과 바느질하는 기술이 늘게 '길쌈재주를 나누어달라'고 빌었다. 마당에 바느질 채비와 맛있는 음식을 차려 놓고 '길쌈과 바느질을 잘하게 해주십시오'라는 축원을 한다. 이날은 집집마다 옷과 책을 볕에 쪼여 거풍하는 습관이 있다.

칠석의 절식으로 밀전병, 증병, 육개장, 게전, 잉어구이, 잉어회, 복숭아화채, 오이소박이, 오이깍두기 등이 있다.

2) 백중(白中)

음력 7월 15일 중원 때 여염집에서는 달밤에 채소, 과일, 술, 밥을 차려 놓고 어버이의 혼을 부른다. 불가에서는 먼저 세상을 떠난 망혼을 천도하는 우란불공을 드린다. 도가(悼歌)에서 이날은 천상의 선관이 일 년에 세 번씩 인간들의 선악을 기록하는 때를 원(元)이라 하여 정월 보름은 상원(上元), 칠월 보름은 중원(中元), 시월 보름은 하원(下元)이라 하고 이 삼원(三元)에는 제사 지내는 풍습을 이어왔다. 여염집 사람들은 모여서 주연을 베풀며 즐기고, 씨름, 팔씨름으로 내기를 하며 논다. 그리고 이른 벼를 가묘에 천신한다.

8. 팔월

추석(秋夕)은 음력 8월 보름으로 한가위, 중추절, 가배일이라고 부른다. 추수가 한창이라 햇곡식이 풍성하니 인심도 후해지고 이웃과 서로 나누며 즐기는 계절이다. 넉넉지 못한 민가에서도 쌀로 술을 빚고 닭을 잡아서 찬을 만들고, 과실 등을 차리고 '가(加)하지도 감(減)하지도 말고 늘 한가윗날 같기만 하여라'라고 하였다. 추석의 시절식으로는 오려송편, 토란탕, 화양적, 율란, 조란 등이 있다.

9. 구월

중구(重九)는 삼짇날에 온 제비가 다시 강남으로 떠나는 날이다. 황국전을 지져서 가묘에 천신한다. 농가에서는 추수가 한창이다. 중구의 시절식으로는 국화주, 국화전 등이 있다.

10. 시월

1) 농공제

시월 일일에 단군께 제사 지내는 것은 상고시대부터 내려오는 유풍이고, 추수 감사를 조상께 드리는 것이다. 이날의 제물은 대증병, 신도주, 신과로 제물을 삼는다. 온 부락민이 다 모여서 제사 지내고 음복을 마음껏 한다. 아무리 먹어도 탈이 나지 않는다고 한다.

2) 무오일

오일(午日)은 말의 날인데, 신곡으로 붉은 팥고물을 놓아 시루떡을 만들어 마굿간에 갖다 놓고 말이 잘 크고 무병하기를 빈다. 오일 중에도 무오일이 가장 좋다 하여 무당이 성주굿을 하고 다닌다. 햇곡식으로 술을 빚고, 붉은 팥시루떡을 바치고 빈다.

11. 동짓달

동짓날은 작은설(아세)로 치며 팥죽을 쑤어 새알심을 나이 수대로 넣고 먹어 액막이를 한다.

12. 섣달

납일은 동지를 지내고 세 번째 미일(未日)이다. 종묘사직에 사냥해 온 멧돼지를 제물로 쓴다. 이를 납향이라 한다.

제5장 한국음식의 상차림

밥을 주식으로 하므로 여기에 어울리는 음식을 찬으로 하여 주식과 부식으로 구성된 것이 우리나라의 일상식 상차림(飯床)이다. 음식상에는 차려지는 상의 주식이 무엇이냐에 따라 밥과 반찬을 주로 한 반상을 비롯하여 죽상, 면상, 주안상, 다과상 등으로 나눌 수 있고, 또 상차림의 목적에 따라 교자상, 돌상, 큰상, 제상 등으로 나눌 수 있는데 계절에 따라 그 구성이 다양하다. 우리나라 일상음식의 상차림은 전통적으로 독상이 기본이다.

상은 네모지거나 둥근 것을 썼으며 기명은 계절 감각을 살려 여름에는 사기반상기를 겨울에는 은반상기나 유기(놋그릇)반상기를 사용하였다. 음식이 놓이는 장소가 정해져 있어 차림새가 질서정연하고, 음식예법을 중히 여겼다.

1. 반상(飯床)차림

밥과 반찬을 주로 하여 격식을 갖추어 차리는 상차림으로 밥상, 진지상, 수라상으로 구별하여 쓰는데, 받는 사람의 신분에 따라 명칭이 달라진다. 즉 아랫사람에게는 밥상, 어른에게는 진지상, 임금에게는 수라상이라 불렀다. 또, 한 사람이 먹도록 차린 밥상을 외상(독상), 두 사람이 먹도록 차린 반상을 겸상이라 한다. 그리고 외상으로 차려진 반상에는 3첩, 5첩, 7첩, 9첩, 12첩이 있는데 여기에서 첩이란 밥, 국, 김치, 찌개(조치), 종지(간장, 고추장, 초고추장 등)를 제외한 쟁첩(접시)에 담는 반찬의 수를 말한다.

3첩 반상은 가장 간소한 상차림으로 일반인들이 즐겨 차렸으며, 이 상차림이면 현대의 영양학적 관점에도 맞는 매우 과학적, 합리적인 상차림이다. 5첩 반상은 어느 정도 여유가 있었던 일반인들의 상차림이다. 7첩 반상은 손님 대접상이나 생신, 잔치 등의 특별식 상차림이며, 9첩 반상은 반가집에서의 최고 상차림이었고, 12첩 반상은 궁중에서 차리는 수라상차림이었는데, 수라상은 12첩 이상이어도 상관이 없었다.

첩수에 따른 반찬의 종류를 정할 때는 재료가 중복되지 않도록 했고 빛깔을 고려해서 정했다.

곁상(곁반) : 많은 가짓수의 반찬을 한 상 위에 모두 차릴 수 없어 옆에 따라 곁들여 차려 놓은 보조상으로서 7첩 반상 이상의 상을 차릴 때는 곁상이 따르게 된다.

쌍조치(찌개가 2가지)일 경우 토장조치와 맑은 조치를 올린다.

마른 반찬은 포(脯), 튀각, 좌반, 북어보푸라기, 부각 등의 마른 찬이며 장과는 장아찌와 숙장과(熟醬瓜) 등이다.

1) 3첩 반상

기본적인 밥, 국, 김치, 장 외에 세 가지 찬품을 내는 반상이다.
- 첩수에 들어가지 않는 음식 : 밥, 국, 김치, 장
- 첩수에 들어가는 음식 : 나물(생채 또는 숙채), 구이 혹은 조림, 마른 찬이나 장과 또는 젓갈 중에서 한 가지를 택한다.

2) 5첩 반상

밥, 국, 김치, 장, 찌개 외에 다섯 가지 찬품을 내는 반상이다.

첩수에 들어가지 않는 음식 : 밥, 국, 김치, 장, 찌개(조치)

첩수에 들어가는 음식 : 나물(생채 또는 숙채), 구이, 조림, 전, 마른 찬이나 장과 또는 젓갈 중에서 한 가지를 택한다.

3) 7첩 반상

밥, 국, 김치, 찌개, 찜, 전골 외에 일곱 가지 찬품을 내는 반상이다.
- 첩수에 들어가지 않는 음식 : 밥, 국, 김치, 장, 찌개, 찜(선) 또는 전골
- 첩수에 들어가는 음식 : 생채, 숙채, 구이, 조림, 전, 마른 찬이나 장과 또는 젓갈 중에서 한 가지, 회 또는 편육 중에 한 가지를 택한다.

4) 9첩 반상

밥, 국, 김치, 장, 찌개, 찜, 전골 외에 아홉 가지 찬품을 내는 반상이다.
- 첩수에 들어가지 않는 음식 : 밥, 국, 김치, 장, 찌개, 찜, 전골
- 첩수에 들어가는 음식 : 생채, 숙채, 구이 , 조림, 전, 마른 찬, 장과, 젓갈, 회 또는 편육

5) 12첩 반상

밥, 국, 김치, 장, 찌개, 찜, 전골 외에 열두 가지 찬품을 내는 반상이며 예전에 궁중에서 아침과 저녁에 차렸던 수라상이다.
- 첩수에 들어가지 않는 음식 : 밥, 국, 김치, 장, 찌개, 찜, 전골
- 첩수에 들어가는 음식 : 생채, 숙채, 구이 두 종류(찬 구이, 더운 구이), 조림, 전, 마른 찬, 장과, 젓갈, 회, 편육, 별찬

2. 죽상차림

응이, 미음, 죽 등의 유동식을 중심으로 하고 여기에 맵지 않은 국물김치(동치미, 나박김치)와 젓국찌개, 마른 찬(북어보푸라기, 어포) 등을 갖추어 낸다. 죽은 그릇에 담아 중앙에 놓고 오른편에는 빈 그릇을 놓아 덜어 먹게 한다.

3. 장국상(면상 : 麵床)차림

국수를 주식으로 하여 차리는 상을 면상이라 하며 점심으로 많이 이용한다. 주식으로는 온면, 냉면, 떡국, 만둣국 등이 오르며, 부식으로는 찜, 겨자채, 잡채, 편육, 전, 배추김치, 나박김치, 나물, 잡채, 전 등이 오른다. 주식이 면류이기 때문에 각종 떡류나 한과, 생과일 등을 곁들이기도 하며, 이때는 식혜, 수정과, 화채 중의 한 가지를 놓는다. 술 손님인 경우에는 주안상을 먼저 낸 후에 면상을 내도록 한다.

4. 주안상(酒案床)차림

술을 대접하기 위해서 차리는 상이다. 안주는 술의 종류, 손님의 기호를 고려해서 장만해야 하는데 보통 약주를 내는 주안상에는 육포, 어포, 건어, 어란 등의 마른안주와 전이나 편육, 찜, 신선로, 전골, 찌개 같은 얼큰한 안주 그리고 나물과 김치, 과일 등이 오르며 떡과 한과류가 오르기도 한다.

또 주안상에는 전과 편육류, 나물과 김치류 외에 몇 가지 마른안주가 오른다. 기호에 따라 얼큰한 고추장찌개나 매운탕, 전골, 신선로 등과 같이 더운 국물이 있는 음식을 추가하면 좋다.

주안상에는 약주, 신선로, 전골, 찌개, 찜, 포(육포, 어포), 전, 편육, 회, 나물, 나박김치, 초간장, 간장, 겨자즙, 과일, 떡과 한과류 등의 음식이 오른다.

5. 교자상차림

교자상을 차릴 때는 종류를 지나치게 많이 하는 것보다, 몇가지 중심이 되는 요리를 특별히 잘 만들고, 이와 조화가 되도록 재료, 조리법, 영양 등을 고려하여 몇 가지 다른 요리를 만들어 곁들이는 것이 좋은 방법이다.

잔칫날 교자상은 반상, 면상, 주안상 등에 함께 어울린 상차림이다. 전골이나 승기악탕(勝妓樂湯) 등을 곁들여 놓으면 한결 색스럽고 품위있는 상차림이 된다.

포 종류는 날씨가 좋은 날을 택하여 체를 씌워가며 꾸덕꾸덕하게 말려 참기름을 바르고, 잣가루를 묻혀 상 위에 안주감으로 볼품 있게 놓는데, 그중 민어를 말려서 두들겨 솜같이 펴서 만든 암치포가 맛이 좋다. 나이가 많은 분들에게는 음식도 부드럽고 소화가 잘 되는 것을 준비해야 하는데 오이무름이나 호박선, 월과채 등을 마련하면 좋다.

모든 음식을 다 든 후에는 떡이나 한과 등을 후식으로 내놓는데 떡의 종류로는 주로 송편이나 주악, 석이단자, 밤단자, 쑥굴레(쑥굴리)와 같이 단맛을 지닌 것이 좋다.

6. 백일상차림

태어나서 백일이 되면 백설기와 음식을 차려 친척과 이웃에게 대접하고 축하를 받는다. 백일떡은 백 사람에게 나누어 먹이면 백수를 한다 하여 이웃과 친척에 나누어 돌리며 그릇을 돌려줄 때는 씻지 않고 실이나 돈을 담아 그대로 답례로 보낸다.

차리는 음식은 흰밥, 미역국, 백설기, 수수경단, 오색송편, 인절미 등을 마련하는데 이 중에 백설기는 백설같이 순수무구한 순결을 의미하며 수수경단은 잡귀를 막아 부정한 것을 예방하는 뜻이 담겨 있어 빠지지 않고 상에 올린다.

7. 돌상

아기가 만 1년이 되면 첫 생일을 축하하는 돌상을 차려준다. 차리는 음식과 물건은 모두 아기의 수명장수(壽命長壽)와 다재다복(多才多福)을 바라는 마음으로 준비한다. 음식은 흰밥, 미역국, 청채나물을 만들고, 돌상에는 백설기, 오색송편, 인절미, 수수경단, 생실과, 쌀, 국수 삶은 것, 대추, 흰 타래실, 청홍 비단실, 붓, 먹, 벼루, 천자문, 활과 화살, 돈 등이며 여아에게는 천자문 대신 국문을 놓고 활과 화살 대신에 색지, 실패, 자 등을 놓는다.

돌잡이할 때는 무명필을 밑에 놓고 아기를 올려 앉히고 아기가 집는 것에 따라 장래를 점치고 재주를 가지고 복을 받기를 기원한다. 옷은 남아에게는 색동저고리, 풍차바지를 입히고 복건을 씌우며 여아에게는 색동저고리와 다홍치마를 입히고 조바위를 씌운다.

▶ **돌상에 놓는 물건**

- 쌀 : 식복이 많은 것을 기원하는 뜻
- 면 : 장수를 기원하는 뜻
- 대추 : 자손의 번영을 기원하는 뜻
- 흰 실타래 : 면과 같이 장수를 기원하는 뜻
- 청 · 홍색 타래실 : 장수와 함께 앞으로 금실이 좋기를 기원하는 뜻
- 붓, 먹, 벼루, 책 : 앞으로의 문운(文運)을 비는 뜻
- 활 : 무운(武運)을 기원하는 뜻
- 돈 : 부귀와 영화를 기원하는 뜻

이상의 것을 백반(흰밥), 곽탕(미역국), 청채나물(미나리 등을 자르지 않고 긴 채로 무친 것), 백설기, 수수팥경단, 송편, 생실과와 함께 상 위에 차려 놓는다.

8. 혼례

사람이 성장하여 때가 되면 부부의 인연을 맺게 되는데, 부부의 연을 맺는 의식을 혼례라 한다. 혼례음식은 봉채떡, 교배상, 폐백상, 큰상 등으로 대별되며, 이들 음식은 각기 다른 의식에 쓰이는 만큼 그 음식의 양식도 다르다.

폐백은 신부가 시부모를 비롯한 시댁의 여러 친척에게 인사드리는 예를 행할 때 신부 측에서 마련하는 음식이다. 폐백은 지역에 따라 다소 차이가 있지만 대개 대추와 편포로 한다.

대추를 준비할 때는 먼저 굵은 대추를 골라 깨끗이 씻은 뒤, 술을 뿌려 뚜껑을 덮어서 따뜻한 곳에서 5~6시간 불린다. 불린 대추 하나하나에 양쪽으로 실백을 박는다. 준비한 대추를 길게 꼬아 만든 굵은 다홍실에 한 줄로 꿴다. 이때 대추를 꿰는 다홍실은 도중에 끊어지거나 다시 잇는 일이 없이 처음부터 끝까지 한 줄로 계속 꿰어야 한다. 실에 꿴 대추는 둥근 쟁반에 높이 고여 담는다.

또한 편포는 쇠고기를 곱게 다져 양념한 뒤 두께 3~4cm, 길이 25~27cm, 너비 10cm 정도로 한 쌍의 반대기를 짓는다. 이것을 말리다가 반쯤 말랐을 때 표면을 매끄럽게 다듬어 다진 실백을 고명으로 뿌린다. 너비 8cm가량의 종이에 '근봉(謹封)'이라 써서 띠로 만든 다음, 준비된 편포 가운데를 둘러 둥근 쟁반에 담는다. 지역에 따라서는 편포 대신 폐백닭이라 하여 통닭찜을 준비하기도 한다.

9. 회혼

혼례를 올리고 만 60년을 해로한 해를 회혼이라 한다. 이때가 되면 처음 혼례를 치르던 때를 생각하여 신랑, 신부 복장을 하고 자손들로부터 축하를 받는다. 회혼을 맞은 분들의 복장이 신랑, 신부인 만큼 그 의식도 혼례 때와 같다. 다만 자손들이 헌주하고 권주가와 음식이 따른다는 점이 다를 뿐이다. 회혼례에 차리는 큰상 또한 혼례 때 차리는 큰상과 같다.

10. 제례

제례란 죽은 조상을 추모하여 지내는 의식절차이다. 제례는 다른 어떤 의식보다 그 절차가 까다로운 만큼, 여기에 따르는 음식의 가짓수도 만만치 않다. 이는 조상이 없이 내가 존재할 수 없기에 나 자신이 아무리 훌륭해도 조상의 위대함을 따를 수 없다는 뜻에서, 돌아가신 뒤에도 효(孝)를 계속한다는 의미가 담겨 있기 때문이다. 제례는 매년 조상이 돌아가신 날 기제(忌祭)를 지내고, 정월 초하루, 추석 등의 속절에 차례를 지낸다. 그리고 기제를 지내지 않는 5대조 이상의 웃대 조상에 대해 1년에 한번 세일사(歲一祀)를 지낸다.

제례음식은 제수의 종류와 진설법이 지역이나 가풍에 따라 차이가 있다.

제6장 향토음식

　음식의 맛은 그 지방의 풍토 환경과 사람들의 품성을 잘 나타낸다고 할 수 있다. 한반도는 남북으로 길게 뻗은 지형이며, 동쪽, 남쪽, 서쪽은 바다에 둘러싸이고 북쪽은 압록강, 두만강에 임한다. 동서남북의 지세 기후 여건이 매우 다르므로, 그 고장의 산물은 각각 특색이 있다.

　북쪽은 산간지대, 남쪽은 평야지대여서 산물도 서로 다르다. 따라서 각 지방마다 특색있는 향토음식이 생겨나게 되었다. 지금은 남북이 분단되어 있는 실정이지만 조선시대의 행정 구분을 보면 전국을 팔도로 나누어 북부지방은 함경도, 평안도, 황해도, 중부지방은 경기도, 충청도, 강원도, 남부지방은 전라도, 경상도로 나누었다. 당시엔 교통이 발달하지

　않아 각 지방 산물의 유통범위가 매우 좁았다. 지형적으로 북부지방은 산이 많아 주로 밭농사를 하므로 잡곡의 생산이 많고, 서해안에 접해 있는 중부와 남부지방은 주로 쌀농사를 한다. 북부지방은 주식으로 잡곡밥, 남부지방은 쌀밥과 보리밥을 먹게 되었다.

　좋은 반찬이라 하면 고기반찬을 꼽으나 평상시의 찬은 대부분 채소류 중심이고, 저장하여 먹을 수 있는 김치류, 장아찌류, 젓갈류, 장류가 있다. 산간지방에서는 육류와 신선한 생선류를 구하기 어려우므로 소금에 절인 생선이나 조개류, 해초가 찬물의 주된 재료였다. 지방마다 음식의 맛이 다른 것은 그 지방 기후와도 밀접한 관계가 있다. 북부지방은 여름이 짧고 겨울이 길어서, 음식의 간이 남쪽에 비하여 싱거운 편이고 매운맛도 덜하다. 음식의 크기도 큼직하고 양도 푸짐하게

마련하여 그 지방 사람들의 품성을 나타내준다. 반면에 남부지방으로 갈수록 음식의 간이 세면서 매운맛도 강하고, 조미료와 젓갈류를 많이 사용한다.

1. 서울

서울은 자생 산물은 별로 없으나 전국 각지에서 나는 여러 식품이 모두 모이는 곳이다. 우리나라에서 음식 솜씨가 좋은 곳으로는 서울, 개성, 전주 세 곳을 꼽는다. 서울은 조선시대 초기부터 오백 년 이상 도읍지여서 궁중의 음식문화가 이어지는 곳이며 양반계급과 중인계급의 음식문화에 많은 영향을 주었다. 양반들은 유교의 영향으로 격식을 중시하고 치장을 많이 하는 편이어서 사치스럽고 화려한 음식도 있었다.

서울 음식은 간이 짜지도 싱겁지도 않고, 지나치게 맵게 하지 않아 전국적으로 보면 중간 정도의 맛을 지닌다. 음식에 예절과 법도를 지키고 웃어른을 공경하며, 재료를 곱게 채썰거나 다지는 등 정성이 깃들어 있고, 상에 낼 때는 깔끔한 백자에 꼭 먹을 만큼만 깔끔하게 내는 것도 특징이다.

> ▶ 서울 음식
> - 설렁탕은 조선시대 동대문 밖 선농단(先農壇)에서 2월 상재일에 왕이 나와서 친경 (親耕)을 하고 제를 올리는 행사 때 생겼다고 한다. 서울의 명물음식으로 알려져 있다.
> - 열구자탕은 화통이 달린 냄비에 산해진미 재료를 넣어 끓이는 음식으로 지금은 신선로라고 한다. 신선로 틀은 중국에 원형이 있는데 궁중뿐 아니라 중국에 다녀온 역관과 고관들도 틀을 들여와서 즐겼다고 한다.
> - 탕평채는 청포묵 무침으로 영조 때 탕평책을 논할 때 만들어졌다고 하여 붙은 이름이다. 봄철에 탕평채를 채썰어 볶은 고기와 데친 숙주, 미나리 등을 합하여 초장으로 무친 음식이다.

2. 경기도

경기도는 논농사와 밭농사가 고루 발달하여 곡물과 채소가 풍부하고, 서해안에서는 생선과 새우, 굴, 조개 등이 많이 잡히며 한강, 임진강에서는 민물고기와 참게가 많이 잡히고, 산간에서는 산채와 버섯이 고루 난다. 경기미는 품질이 좋기로 유명한데 여주, 이천, 김포산이 인기가 높다. 고려의 도읍지였던 개성 지방의 음식은 다양하고 사치스러운 편으로 유난히 정성을 많이 들인다. 음식에 쓰이는 재료가 다양하며, 숙련된 조리기술이 필요하고, 만들기 어려운 음식과 과자가 많다.

경기도 음식은 소박하면서도 다양하나 개성 음식을 제외하고는 대체로 수수하다. 음식의 간은 서울과 비슷하여 짜지도 싱겁지도 않으며, 양념도 많이 쓰는 편이 아니다.

▶ **경기도 음식**

- 소갈비구이는 조선시대부터 생긴 쇠전에 전국의 소장수가 모여들던 수원에 갈빗집들이 생기고부터 유명해졌다.
- 조랭이떡국은 흰 가래떡을 나무칼로 누에고치처럼 만들어서 끓인다.
- 개성모약과는 밀가루에 참기름과 술, 생강즙, 소금을 넣고 반죽하여 납작하게 밀어서 모나게 썰어 기름에 튀겨 조청에 즙청한 것이다.
- 개성주악은 우메기라고도 하는데 찹쌀가루와 밀가루를 합하여 막걸리로 반죽한 다음 둥글게 빚어서 기름에 튀겨 조청에 즙청한다.

---

3. 충청도

충청도는 농업이 주가 되는 지역이므로 쌀, 보리, 고구마, 무, 배추, 목화, 모시 등을 생산한다. 서쪽 해안지방은 해산물이 풍부하나 충청북도와 내륙에서는 좀처럼 신선한 생선을 구하기가 어려워 옛날에는 절인 자반 생선이나 말린 것을 먹었다. 오래전부터 쌀을 많이 생산했으며 보리도 많이 나서 보리밥을 짓는 솜씨도 훌륭하다. 충청도 음식은 그 지방 사람들의 소박한 인심을 나타내듯 꾸밈이 별로 없다. 충북 내륙의 산간지방에는 산채와 버섯이 많이 나 그것으로 만든 음식이 유명하다.

음식 맛을 낼 때는 된장을 많이 사용하며, 겨울에는 청국장을 만들어 구수한 찌개를 끓인다. 충청도 음식은 사치스럽지 않고 양념도 그리 많이 쓰지 않아 자연 그대로의 담백하고 소박한 맛이 난다.

> ▶ **충청도 음식**
> - 어리굴젓은 예부터 간월도가 유명하다. 서산 앞바다는 민물과 서해 바닷물이 만나는 곳으로 천연굴도 많고, 굴양식에 적합하다. 어리굴젓은 굴을 바닷물로 씻어 소금으로 간하여 2주일쯤 삭혔다가 고운 고춧가루로 버무려 삭힌다. 간월도 어리굴젓은 조선시대부터 이름이 나 있고 지금도 전국 각 지역으로 나간다.
> - 청국장을 특히 즐겨 먹어 겨울철에 콩을 삶아 나무상자나 소쿠리에 띄워 2~3일 후에 끈끈한 진이 생기면 빻아서 양념을 섞어서 두부나 배추김치를 넣고 찌개를 끓인다.
> - 올갱이는 맑고 얕은 개천에서 잡히는 민물 다슬기로 이것으로 된장찌개를 끓이며 삶아서 무쳐 안주로도 먹는다. 충청북도에서는 민물에서 잡히는 새뱅이, 붕어, 메기, 미꾸라지 등으로 특별한 찬물을 만든다. 피라미조림, 붕어찜, 새뱅이찌개, 추어탕이나 미꾸라지조림 등이 그것이다.

4. 강원도

강원도는 영서지방과 영동지방에서 나는 산물이 크게 다르고 산악지방과 해안지방도 크게 다르다. 산악이나 고원 지대에서는 논농사보다 밭농사를 더 많이 지어 옥수수, 메밀, 감자 등이 많이 난다. 산에서 나는 도토리, 상수리, 칡뿌리, 산채 등은 옛날에는 구황식물에 속했지만 지금은 기호식품으로 많이 이용한다. 동해에서는 명태, 오징어, 미역 등이 많이 나서 이를 가공한 황태, 마른오징어, 마른미역, 명란젓, 청란젓 등이 유명하다.

강원도 음식에는 감자, 메밀, 옥수수와 도토리, 칡 등으로 만든 것이 많다. 동해안에서 나는 다시마와 미역은 질이 좋고, 구멍이 나 있는 쇠미역은 쌈을 싸 먹거나 말린 것을 튀긴다.

▶ 강원도 음식

- 감자는 보통 쪄서 먹지만 삭혀서 전분을 만들어 국수나 수제비, 범벅, 송편 등을 만들기도 한다. 감자부침은 날감자를 강판에 갈아서 파, 부추, 고추 등을 섞어 팬에 부친다.
- 메밀막국수는 지금은 춘천 막국수로 알려져 있지만 인제, 원통, 양구 등의 산촌에서 더 많이 먹던 국수이다. 원래는 메밀을 익반죽하여 부틀에 눌러서 무김치와 양념장을 얹어서 비벼 먹지만 동치미 국물이나 꿩 육수를 부어 말아먹기도 한다.
- 쟁반 막국수는 최근에 개발한 음식으로 오이, 깻잎, 당근 등의 채소를 섞어서 양념장으로 비빈 국수이다.

---

5. 전라도

전라도는 땅과 바다, 산에서 산물이 고루 나고 많은 편이어서 재료가 아주 다양하고 음식에 특히 정성을 많이 들인다. 특히 전주, 광주, 해남은 부유한 토반(土班)이 많아 가문의 좋은 음식이 대대로 전수되는 풍류와 맛의 고장이다. 기후가 따뜻하여 음식의 간이 센 편이고 젓갈류, 고춧가루와 양념을 많이 넣은 편이어서 음식이 맵고 짜며 자극적이다.

전라도에는 발효음식이 아주 많다. 김치와 젓갈이 수십 가지이고, 고추장을 비롯한 장류도 발달했으며, 장아찌류도 많다. 전라도에서는 김치를 지라고 하는데 배추로 만든 백김치를 반지(백지)라고 한다. 무, 배추뿐 아니라 갓, 파, 고들빼기, 무청 등으로도 김치를 담근다. 다른 지방에 비하여 젓갈과 고춧가루를 듬뿍 넣는데 전라도 고추는 매우면서 단맛이 나며, 멸치젓, 황석어젓, 갈치속젓 등의 젓갈을 넣는다. 김치는 돌로 만든 확독에, 불린 고추와 양념을 으깨고 젓갈과 식은 밥이나 찹쌀풀을 넣고 걸쭉하게 만들어 절인 채소를 넣고 한데 버무린다.

> ▶ 전라도 음식
>
> - 전라도의 유명한 젓갈로는 추자도 멸치젓, 낙월도 백하젓, 함평 병어젓, 고흥 진석화젓, 여수 전어밤젓, 영암 모치젓, 강진 꼴뚜기젓, 무안 송어젓, 옥구의 새우알젓, 부안의 고개미젓, 뱅어젓, 토하젓, 참게장, 갈치속젓 등이 있다.
> - 부각은 자반이라고도 하는데 가죽나무의 연한 잎을 모아 고추장을 탄 찹쌀풀을 발라서 가죽자반을 하고, 김, 깻잎, 깻송이, 동백잎, 국화잎 등은 찹쌀풀을 발라서 말리고, 다시마는 찹쌀 밥풀을 붙여서 말린다.
> - 전주비빔밥은 원래는 돌솥이 아니라 유기대접에 담았다.
> - 전주콩나물밥은 콩나물국에 밥을 넣고 끓여 새우젓으로 간을 맞춘 뜨거운 국밥으로 이른 아침 해장국으로 인기가 있다.

6. 경상도

경상도는 남해와 동해에 좋은 어장이 있어 해산물이 풍부하고, 경상남북도를 크게 굽어 흐르는 낙동강의 풍부한 수량이 주위에 기름진 농토를 만들어 농산물도 넉넉하다. 이곳에서는 고기라고 하면 바닷고기를 가리키며 민물고기도 많이 먹는다. 음식이 대체로 맵고 간이 센 편으로 투박하지만 칼칼하고 감칠맛이 있다. 음식에 지나치게 멋을 내거나 사치스럽지 않고 소담하게 만들지만 방앗잎과 산초를 넣어 독특한 향을 즐기기도 한다. 싱싱한 바닷고기로 회도 하고 국도 끓이며, 찜이나 구이도 한다. 곡물 음식 중에서는 국수를 즐기나, 밀가루에 날콩가루를 섞어서 반죽하여 홍두깨나 밀대로 밀어 칼로 썬 칼국수도 즐겨 먹는다.

7. 제주도

제주도는 해촌, 양촌, 산촌으로 구분되어 있었는데, 양촌은 평야 식물지대로 농업을 중심으로 생활한 곳이었고, 해촌은 해안에서 고기를 잡거나 해녀로 잠수업을 하고, 산촌은 산을 개간하여 농사를 짓거나 한라산에서 버섯, 산나물, 고사리 등을 채취하여 생활하던 곳이었다. 쌀은 거의 생산되지 않고 콩, 보리, 조, 메밀, 고구마가 많이 나고, 감귤과 전복, 옥돔이 가장 널리 알려진 특산물이다.

제주도는 근해에서 잡히는 특이한 어류가 많다. 음식에도 어류와 해초를 많이 쓰며, 된장으로 맛 내는 것을 좋아한다. 이곳 사람들의 부지런하고 소박한 성품은 음식에도 그대로 나타나 음식을 많이 장만하지 않고 양념도 적게 쓰며, 간은 대체로 짜게 하는 편이다.

▶ 제주도 음식

- 자리돔은 제주도 근해에서 잡히는 검고 작은 자돔 또는 '자리'라고도 한다. 자리회는 여름철이 제철인데 비늘은 긁고 손질하여 토막을 내고 부추, 미나리를 넣고 된장으로 무쳐서 찬 샘물을 부어 물회로 한다. 식초로 신맛을 내는데 유자즙이나 산초를 넣기도 한다.
- 옥돔은 분홍빛의 담백하면서도 기름진 물고기로 맛이 아주 좋다. 싱싱한 옥돔에 미역을 넣어 국을 끓이고, 소금을 뿌려 말렸다가 구워 먹는다.
- 갈치는 회도 치고 토막을 내어 늙은 호박을 넣고 국을 끓이면 은색 비늘과 기름이 둥둥 뜨는데 맛이 아주 좋다.
- 전복은 회도 하지만, 불린 쌀을 참기름으로 볶다가 전복의 싱싱한 푸른빛 내장을 함께 섞고 물을 부어 끓인 다음 얇게 썬 살을 넣어 전복죽을 끓이면 색도 파릇하고 향이 특이하면서 아주 맛있다.

8. 황해도

북쪽 지방의 곡창지대인 연백평야와 재령평야는 쌀과 잡곡 생산량이 많고 질도 좋다. 특히 조를 섞어서 잡곡밥을 많이 해 먹는다. 곡식의 종류도 많고 질이 좋으며 이 양질의 가축사료 덕에 돼지고기와 닭고기의 맛이 독특하다. 해안지방은 조석간만의 차가 크고 수온이 낮으며 간척지가 발달해 소금이 많이 난다.

황해도는 인심이 좋고 생활이 윤택한 편이어서 음식을 한번에 많이 만들고, 음식에 기교를 부리지 않으며 맛이 구수하면서도 소박하다. 송편이나 만두도 큼직하게 빚고, 밀국수도 즐겨 만든다. 간은 별로 짜지도 싱겁지도 않으며, 충청도 음식과 비슷하다.

▶ 황해도 음식

- 남매죽은 팥을 무르게 삶아 찹쌀가루를 넣어 팥죽을 끓이다가 밀가루로 만든 칼국수를 넣고 끓이는 죽인데 특이하게 국수가 들어 있다.

9. 평안도

평안도는 동쪽은 산이 높아 험하지만 서쪽은 서해안에 면하여 해산물도 풍부하고 평야가 넓어 곡식도 많이 난다. 예부터 중국과 교류가 활발하여 성품이 진취적이고 대륙적이다. 따라서 음식도 먹음직스럽게 크게 만들고 푸짐하게 많이 만든다. 크기를 작게 하고 기교를 많이 부리는 서울 음식과 매우 대조적이다. 곡물음식 중에는 메밀로 만든 냉면과 만두 등 가루로 만든 음식이 많다. 겨울이 특히 추운 지방이어서 기름진 육류 음식도 즐기고 밭에서 나는 콩과 녹두로 만든 음식도 많다. 음식의 간은 대체로 심심하고 맵지 않다. 평안도 음식으로 가장 널리 알려진 것은 냉면과 만두, 녹두빈대떡 등이다. 지금은 전국 어디에서나 사철 냉면을 먹을 수 있지만 본고장에서는 추운 겨울철에 먹어야 제맛이라고 한다.

▶ **평안도 음식**

- 굴림만두는 껍질 없이 만두소를 둥글게 빚어서 밀가루에 여러 번 굴려서 껍질 대신 밀가루옷을 입힌다. 이를 굴림만두라고 하는데 만두피로 빚은 것보다 훨씬 부드럽고 맛있다.
- 어복쟁반은 화로 위에 커다란 놋쇠쟁반을 올려놓고 쇠고기 편육, 삶은 달걀과 메밀국수를 한데 돌려 담고 육수를 부어 끓이면서 여러 사람이 함께 떠먹는 음식이다. 일종의 온면이다. 편육에 적합한 부위는 소의 양지머리, 유설, 업진, 유통살, 지라 등으로 무르게 삶아서 얇게 썰고 느타리와 표고버섯은 채썰어 양념하고, 배채도 넣는다.

---

10. 함경도

함경도는 백두산과 개마고원이 있는 험한 산간지대가 대부분이다. 동쪽은 해안선이 길고 영흥만 부근에 평야가 조금 있어 논농사보다는 밭농사를 많이 한다. 특히 콩의 품질이 뛰어나고 잡곡 생산량이 많아 주식으로 기장밥, 조밥 등 잡곡밥을 많이 짓는다. 동해안은 세계 삼대 어장에 속하여 명태, 청어, 대구, 연어, 정어리, 넙치 등 어종이 다양하다.

감자, 고구마도 질이 우수하며 이것으로 녹말을 만들어 여러 음식에 쓴다. 녹말을 반죽하여 국수틀에 넣고 빼서 냉면을 만들기도 한다. 음식의 간이 싱겁고 담백하나 고추와 마늘 등의 양념을 많이 쓰기도 한다.

▶ 함경도 음식

- 함경도 회냉면은 본고장에서는 감자녹말로 반죽하여 빼낸 국수를 삶아서 매운 양념으로 무친 가자미를 위에 얹는다고 한다. 지금은 새콤달콤하고 새빨갛게 무친 홍어회를 많이 쓰지만 동해안 지방에서는 명태회를 쓰기도 한다.
- 가릿국은 고깃국에 밥을 만 탕반의 일종으로 본고장에서 오래전부터 음식점에서 팔던 음식이라고 한다. 사골과 소의 양지머리를 푹 고아서 육수를 만들고 삶은 고기는 가늘게 찢는다.
- 가자미식해도 회냉면과 더불어 널리 알려진 음식으로 새콤하게 잘 삭은 것은 술안주나 밥반찬으로 일품이다. 손바닥만한 크기의 가자미를 씻어 소금에 살짝 절여서 꾸득꾸득 말려 토막을 낸다. 조밥은 짓고, 무는 굵게 채썰어 절여서 물기를 짜고 가자미와 합하여 고춧가루, 다진 파와 마늘, 생강을 넉넉히 넣고 엿기름가루를 한데 버무린다.

제2부

조리실습 기본자세

제1장 한식조리사의 길 **제2장** 전망 있는 한식 전공분야

제3장 위생 및 안전 **제4장** 조리공간의 화재예방

제5장 조리용구 **제6장** 계량

제1장 한식조리사의 길

최근 건강과 음식에 대한 관심이 높아지고 있다. 각종 매스컴에서도 음식과 건강에 대한 정보가 많이 소개되고 있으며 그 중요성이 점차 강조되고 있다. 그와 더불어 조리사란 직업에 대한 사회적 인식과 지위도 많이 달라지고 있다.

최근 미국의 직업 전문가들이 유망직종 100가지를 선정한 결과 조리사가 1위를 차지한 것으로 나타나, 이미 선진국에서는 높은 소득을 갖춘 전문인으로서 조리사란 직업의 인기를 입증해 주고 있다. 또한 음식문화에 대한 기대치는 수준 높은 자질의 조리사를 요구하고 있어 조리사의 역할과 영역이 더욱 넓어지고 있다.

조리란 식품을 가공해서 사람이 먹기에 알맞은 식품으로 만드는 가공과정으로서, 원래 조리(調理)의 한자 뜻은 "병을 治療하다", "몸을 保養하다"라는 의미를 가지고 있었다. 한편 요리(料理)의 한자 뜻은 "家事를 整理하다", "일을 잘 處理하다"라는 의미였다. 하나 현재에 와서는 調理나 料理라는 두 단어가 뚜렷한 구분 없이 혼용되고 있다. 사전적 측면에서, 조리란 "식품에 물리적 및 화학적 조직을 가하여 합리적인 음식물로 하는 과정, 즉 식품을 위생적으로 적합한 처리를 한 후 먹기 좋고 소화하기 쉽도록 하며, 또한 맛있고 보기 좋게 하여 식욕이 나도록 하는 과정"을 말하며, 그 업무를 전문적으로 담당하는 자를 '조리사'라 지칭한다.

요즘 조리는 종합과학으로 탈바꿈하고 있다. 요리를 만들기 위해서는 재료의 생산단계부터 구매, 조리, 고객에게 제공되어 끝날 때까지 그 요리에 대한 확고한 지식이 있어야 한다. 오늘날 시대가 요구하는 훌륭한 조리장은 자신의 기술을 끊임없이 개발하고 연구하여 새로운 방식을 적용하고 객관화시킬 수 있는 능력을 지닌 사람이다. 끊임없이 변화되는 현대의 조리기술과 지식을 시대에 걸맞도록 접목시키는 역할이 바로 조리사의 사명이다.

조리사는 법적인 측면에서 국가기술자격법에 의한 조리산업기사, 조리기능사 자격을 취득한 후 시·군·구청장의 면허를 받은 자를 말하며, 그 자격은 음식물의 유형에 따라 한식조리기능사, 양식조리기능사, 중식조리기능사, 일식조리기능사, 복어조리기능사 등으로 구분하고 있다. 이외에도 조리사는 "국가기술자격을 취득한 자가 사용 가능한 식품군들을 선별·검수하여 물리적·화학적·기술적 방법을 통하여 새로운 형태의 식품으로 만드는 일에 종사하는 사람"으로 정의되고 있다.

조리업무란 **첫째, 메뉴관리이다.** 조리사는 식자재구매관리, 원가관리, 인사관리, 시설관리 등과 함께 메뉴관리도 유기적인 관계를 유지하여 효율적으로 그 기능을 발휘함으로써 비용을 최소화하고, 품질과 서비스를 최대화할 수 있어야 한다. 메뉴개발 및 구성은 단순히 식단표를 작성하는 것이 아니며, 자신만의 독창성과 차별성을 내세울 수 있는 중요한 요소이기도 하지만 업무효율성을 증대시킬 수 있는 요소이기도 하므로 메뉴관리는 조리사로서의 필수적인 직무이다.

둘째, 원가관리이다. 원가관리는 레스토랑을 운영함에 있어 반드시 고려해야 할 업무이다. 일반적으로 과거 조리사의 직무가 조리를 생산하는 업무에 한정되었다면, 현대사회에서 조리사는 경영관리자로서의 역할의 전환을 요구받고 있다. 따라서 경제적으로 식자재 구입을 하고, 재료의 폐기율을 낮추는 조리활동을 하여야 한다.

셋째, 위생관리이다. 조리사는 원재료를 식품의 영양적 가치를 손상시키지 않도록 보호해야 하며, 더 나아가 영양성을 증강시키는 노력을 하여야 한다. 따라서 조리사는 식재료의 생산에서 섭취까지의 모든 부분을 이해하고 관리하여야 하며, 직무수행 중에 식품 및 사람, 시설 등으로 인한 건강상의 이해와 그것을 예방할 수 있는 원리와 실천적 방법, 그리고 나아가 영양의 질적 향상을 위한 직무를 수행하여야 한다.

넷째, 구매관리이다. 조리사는 좋은 음식을 제공하기 위하여 적정한 질을 가진 상품을 적기에 구매하여 최적의 상태로 확보, 보관하여 이를 적기에 조리하여 제공하는 직무를 수행하여야 한다.

다섯째, 품질관리 및 서비스정신이다. 조리사는 조리를 하는 전문직이지만 조리한 음식을 제공하는 서비스직이기도 하다. 눈에 보이는 식음료 상품의 품질관리와 눈에 보이지 않는 서비스에 만전을 기울여야 한다. 그 궁극적인 목적은 합리적 조리업무를 통한 상품가치의 극대화와 이를 통한 고객욕구의 충족에 있다고 할 수 있다. 이러한 역할을 담당하는 사람을 조리사라 한다.

다음은 한식조리사가 되는 과정을 알아보자.

첫째, 빠른 시일 내에 본인이 관심 있는 분야를 찾는 것이 좋다. 평생 일할 수 있는 전문분야와, 장기적인 비전, 본인에게 맞는 흥미 등을 고려하여 선택하도록 한다.

둘째, 좋은 스승을 만나는 일이다. 좋은 스승이란, 훌륭한 기술을 가진 사람과 존경할 수 있는 인격을 가진 사람을 말한다. 음식을 다루는 사람은 기술도 중요하지만 먼저 인격 형성이 제대로 되어 있어야 된다고 생각한다.

셋째, 호텔이나 유명한 한식당에 입사해서 그곳의 기술을 습득하는 것도 좋은 방법이지만 시간과 노력과 돈을 투자하여 그 지방의 향토요리 전문가들에게 음식을 직접 전수받아 익혀서 우리 음식을 계승 발전시키는 데 앞장서거나 더 나아가 세계에 알리는 것도 한 방법이다.

넷째, 본인만의 기술적인 노하우를 가지고 있어야 된다는 생각을 갖는다면 이제부터는 '나 자신과의 싸움'이 시작된 것이라 생각하고 결코 포기하는 사람이 되어서는 안 될 것이다.

마지막으로 한식조리사는 특히 다른 나라 음식에 비해 정성과 노력이 필요하다. 우리 음식은 만드는 과정이 바로 "수련"하는 것이고 그 과정 속에서 우리의 식생활 문화가 정립되고 존속되며 후세에까지 계승 발전될 것이기 때문에 한식은 하면 할수록 "어렵고 까다롭다"고 우리의 선배 조리사들은 충고한다.

그들에게 여러 조리분야 중 왜 한식요리를 전공하게 되었느냐고 질문하면, 보편적으로 듣는 답변 중의 하나가 가장 발전되지 않은 분야이기 때문에 무한한 발전 가능성이 보인다는 것과 한국인으로서 다른 나라 문화를 이해하는 것보다 한식을 먼저 알아야 된다고 생각해서 다른 요리보다 한식에 도전들을 한다고 말한다. 이와 같이 우리의 한식은 세계에 널리 알릴 수 있는 충분한 잠재력이 있기에 도전해 볼 가치가 있다고 생각한다.

제2장 전망 있는 한식 전공분야

1. 궁중음식 전문가

조선왕조 궁중음식은 1970년 12월 30일 중요무형문화재 제38호로 지정되었다. 궁중에서 음식은 주방상궁과 대령숙수라는 요리사가 만들었다. 궁중음식은 다양한 재료와 질이 좋은 것으로만 골라 수준 높은 기술로 세련되고 격조 있게 만들었다는 특징이 있을 뿐 반가음식과 다른 것은 아니다. 현재는 황혜성 교수님이 개원하신 궁중음식연구원에서 궁중음식을 배울 수 있다. 그곳을 수료한 여러 회원들과 계속하여 연구를 할 수도 있고 더 많은 배움의 기회를 가질 수도 있다.

2. 명절(세시)음식 전문가

절식(節食)은 다달이 끼어 있는 명절에 차려먹는 음식이고, 시식(時食)은 춘하추동 계절에 나는 식품으로 만드는 음식을 통틀어 말한다. 조선시대의 명절음식 단자와 종묘와 가묘에 천신하는 품목단자를 살펴보고, 또 일 년 열두 달 세시풍속을 알아보는 것은 한국 음식의 바탕을 아는 데 도움이 되며 한국 식문화 연구의 중요한 자료가 된다.

3. 북한음식 전문가

북한음식 전문가는 앞으로 우리나라에도 전문적이고 다양한 북한음식점들이 많이 오픈될 거라 예상되기 때문이다. 북한 사람들은 음식 솜씨가 좋고, 음식의 종류도 다양하다. 북한음식을 미리 연구하고 개발하여야 한다. 유감스럽게도 북한음식을 연구하는 연구소가 없음을 안타깝게 생각한다.

4. 사찰음식 전문가

사찰음식은 절에서 먹는 음식으로 승려뿐만 아니라 사찰을 방문하는 신도에게도 대접하는 음식으로 불교만이 갖는 유일한 종교음식이다. 사찰음식은 자반, 부각 같은 튀김류와 식물성 기름을 넣어 양념한 나물류, 콩을 이용한 조림류와 콩을 가공 조리한 두부를 많이 이용하였다. 주로 쓰이는 양념류로는 깨소금, 후추, 고추, 식물성 기름이며, 들깨는 나물, 국 등에 주로 쓰였다. 사찰음식을 건강식이라 하여 요즘은 많은 사람들이 배우고 익혀서 가정의 식탁에 많이 올리고 있다.

5. 향토음식 전문가

한 지역사회에서 대대로 만들어 먹어온 맛과 특성을 지닌 음식이다. 이러한 음식은 그 고장의 풍토적 특성과 역사적 전통이 있으며 그 고장이 아니면 만들 수 없는 특미(特味)를 가지고 있다.

6. 김치 전문가

요즈음 집에서 김치를 담가 먹는 가정이 점점 줄어들고 있다. 산업의 발달로 인해 김치를 사서 먹는 가정이 증가하는 추세이다.

그만큼 우리의 대표음식인 김치를 담글 줄 아는 주부들이 줄어가고 있다고 말해도 과언은 아닐 듯싶다.

김치는 그 영양적인 가치와 독특한 맛이 인정받기 시작하면서 이제는 세계인의 김치로 정착되고 있다.

7. 장 전문가

장(醬)은 우리 식문화사에서 중요한 비중을 차지하고 있다. 이와 같은 종류의 식품을 우리는 전통발효식품이라 한다. 즉 오랜 세월을 두고 제조 식용되어 온 식품으로서 우리에게 장은 가장 대표적인 전통발효식품이라 할 만하다. 장이라면 좁은 뜻으로는 액체상태인 간장을 뜻하는 것이며 넓게는 된장, 고추장, 청국장, 즙장, 막장, 담북장, 춘장까지 포함시키게 되지만 오늘날에는 이들을 통틀어 장류(醬類)라고 한다.

8. 통과의례음식 전문가

사람이 태어나서 죽을 때까지 생의 전 과정을 통해서 반드시 통과해야 하는 몇몇 과정이 있는데 이를 '의례'로 지칭한다. 이들 여러 의례에는 개인이 겪는 인생의 고비를 순조롭게 넘길 수 있기를 소망하는 의식과 더불어 각 의례의 의미를 상징할 수 있는 음식이 차려지게 마련이다.

이 음식을 통과의례음식이라고 한다. 우리나라의 통과의례에 차려지는 음식들의 색(色)과 수(數)에는 각각 기복요소가 담겨 있다. 대표적인 통과의례에는 삼신상, 백일상, 돌상, 책례, 관례, 혼례상, 회갑상 등을 비롯하여 각 의례마다 상차림이 따른다. 따라서 각 상차림마다 독특한 음식문화를 이해하고 상차림을 할 수 있어야 한다.

9. 폐백 이바지 전문가

이바지의 옛말은 '이바디'이고 잔치를 하여 '이받다'라 하는데 힘들여 음식을 보낸다는 의미가 담겨 있기도 하다.

혼례를 치른 후 친정집에서 시댁으로 갈 때 보내는 신행음식(고기, 술, 떡)을 말하는데 음식을 받은 시댁에서도 사흘 근친을 보낼 때 그에 대한 보답으로 얼마간의 음식을 보내어 사돈 간의 정을 주고받는 아름다운 풍습이다. 이바지음식으로 잔치에 오신 손님을 대접하였고 그 집안의 솜씨와 가풍이 엿보이기도 하였다.

현대에 들어와 상업적인 측면에서 폐백과 이바지음식을 병행해야 수익이 창출된다.

폐백은 대추고임, 구절판, 육포, 닭꾸밈 등 손이 많이 가는 음식으로 수익 창출이 어렵다. 이바지는 재료도 최고급으로 사용해야 하고 될 수 있으면 모든 재료를 익혀서 그릇(목기)에 담아 포장해서 보내야 하므로 맛은 물론이고 담는 법도 세심히 신경 쓸 줄 알아야 한다. 보내게 되는 고장에 따라 그 고장의 특산물로 만든 음식은 배제시켜야 되고 제철에 나는 귀한 재료를 가지고 화려하고 맛있게 만들 수 있어야 한다. 따라서 입소문을 통해 계속해서 주문이 들어오게끔 실력을 키워야 한다. 또 배송까지도 책임지고 해주어야 꾸준한 고객이 생긴다.

10. 떡 전문가

우리 민족에게 떡은 별식이다. "밥 위에 떡"이라는 속담이 있는 것과 같이 밥보다 더 맛있는 별식이 떡이라는 뜻이다. 떡은 특별 음식으로 우대받아 왔으나 각종 의례의 간소화, 음식의 서구화, 식품공업의 발달로 과자류와 케이크에 밀려 전통 떡이 뒷자리로 물러나는 실정이었으나 요즘은 우리의 전통 떡이 되살아나 대중들에게 많이 알려지고 있다.

여러 단체나 기관들이 앞다투어 떡을 가르치려 강의를 개설하고 영세적이던 떡집들도 이제는 '떡카페'라는 예쁜 간판을 들고 앞다투어 오픈을 한다. 예전의 방식대로 투박하고 크게 많이 만들기보다는 현대인들의 입맛에 맞게 작고 앙증맞게 만들어 판매하며 오래두고 먹을 수 있도록 저장성과 상품성에도 신경을 써야 할 것이다.

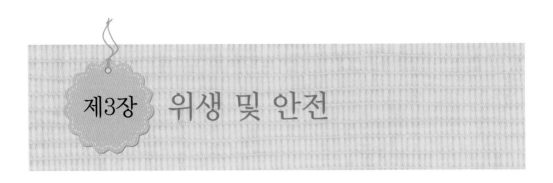

제3장 위생 및 안전

조리사가 모든 조리작업에 임하기 전에 자신이 어떠한 오염으로부터 안전한 상태를 유지하는 것을 개인위생이라 하며, 조리사가 전염병이나 다른 오염에 감염되었을 때는 1차적인 감염에 그치지 않고 다른 곳으로 전염시키는 중간 역할을 하기 때문에 식품이나 기구오염보다 전염범위를 확산시킬 수 있는 위험이 있다. 다음은 조리사가 개인적으로 점검하여야 할 개인위생사항이다.

1. 조리사의 위생 점검사항

감기, 인후염, 피부병 및 전염성 질환의 감염 시 업무에 임하지 않는다.
손에 상처를 입었을 때는 즉시 소독치료하고 직접적인 조리에는 임하지 않는다.

2. 개인복장

1) 조리모

한쪽으로 기울어지지 않고 짧게 자른 머리카락이 귀 윗부분부터 덮일 수 있도록 하고, 조리모의 모양이 구부러지거나 구겨진 부분이 없도록 한다. 일회용을 많이 이용하며, 여성의 경우 그물망으로 머리를 잘 정돈한 후 조리모를 쓰도록 한다.

2) 상의

상의의 이중 단추는 여러 가지 기능을 갖추고 있다. 작업 시에 발생할 수 있는 뜨거운 열을 차단해 주고 뜨거운 음식물이 튀었을 때에도 일차적으로 몸을 보호해 주는 역할을 한다. 따라서 상의 단추는 완전히 잠그고 가능한 한 면으로 된 단추를 사용하고 양쪽 소매는 조리 시에 불편함이 없도록 2번 정도 접어 손목이 5㎝ 이상 노출되도록 올린다. 더럽혀지거나 오염되지 않도록 자주 갈아 입는 것이 좋다.

3) 하의

히리가 알맞은 것으로, 길이는 안전화의 윗부분이 살짝만 덮이는 것이 좋고 벨트 착용으로 움직임을 방지한다. 움직임이 편해야 하므로 신축성 있는 바지가 좋다.

4) 앞치마

뒤로 둘러 배꼽까지 돌아와 단단히 묶을 수 있어야 하고, 남는 끈은 팔이나 다른 물건에 걸리지 않도록 안으로 밀어 넣거나 리본 형식으로 단단히 매어준다. 음식물이 묻어 더러워지면 바로 교체해 입도록 한다.

5) 머플러

땀을 닦아내기 위해서 손을 사용하면 불결하기도 하고 세균에 감염될 우려가 있는데, 머플러는 뜨거운 요리재료나 다른 이물질이 목에 남아 있는 공간으로 들어가는 것을 방지해 준다. 머플러의 기능을 최대한 발휘하기 위해서는 머플러의 재질이 순면으로 수분 흡수가 잘되어야 하고 크기가 적당해서 목을 감싸는 데 불편함이 없어야 하며 착용 시 목부분에 공간이 많지 않도록 하여야 한다.

6) 안전화

주방에서 안전화의 역할은 바닥이 미끄러울 때 다른 신발에 비하여 안전성을 높여 미끄러지는 것을 방지하고 위험한 물건이 떨어지거나 충격을 가하였을 때 그 충격을 흡수해 주는 보호 역할을 한다. 안전화의 끈은 풀어지지 않도록 단단하게 매야 하고, 묶은 나머지 끈은 위험발생 요지가 없도록 아주 짧게 처리한다. 안전화는 질긴 가죽으로 외피를 구성하며 발가락과 발등 부분은 쇠로 만들어진 것이 안전하다.

7) 명찰

명찰은 자신의 신분을 남에게 알리는 얼굴이나 다름없다. 주방은 고객을 위하여 최고의 요리를 생산하는 곳이므로 신분이 보장되고 허가된 조리사만이 작업할 수 있는 장소이다. 따라서 자신과 다른 조리사의 신분이 항상 확인되어야 한다.

명찰은 작업을 수행하는 데 불편함이 없도록 그 크기가 적당하고 쉽게 알아볼 수 있는 것으로 왼쪽 가슴 주머니 부분에 고정 부착되는 것이 바람직하다.

8) 마스크

침액을 통한 위생상의 위해 방지용으로 종류는 제한하지 않는다. 단, 감염병예방법에 따라 마스크 착용 의무화 기간에는 '투명 위생 플라스틱 입 가리개'는 마스크 착용으로 인정하지 않는다

3. 재료위생

- 요리를 하기 위해서는 헤아릴 수 없을 정도로 많은 재료들이 공급되고 처리된다. 이러한 재료들의 첨가물이나 기구 및 포장도 오염원이 될 수 있으므로 철저한 방제가 필요하다.
- 일단 세균이나 전염병의 원인균에 의한 오염이 의심되는 재료는 사용하지 않는다.
- 장기간 저장된 재료는 사용 전에 반드시 오염 또는 부패여부를 확인하여 안전성이 확보된 후에 사용한다.

- 반입 또는 저장, 조리과정에서 유해물의 혼입을 방지한다.
- 색소, 보존료, 강화제 등 첨가물의 사용량을 초과하지 않도록 한다.
- 대장균이나 농약성분이 비록 육안으로 확인되지 않는다 해도 야채와 과일을 흐르는 물에 깨끗이 씻는 것을 소홀히 하지 않는다.
- 불량, 부정적인 재료는 절대 사용하지 않는다.
- 구매에서 조리까지 재료의 흐름을 객관화하고 투명화된 체계를 구축한다.

4. 공간위생

- 조리가 이루어지는 모든 공간은 일정한 기간을 두고 정기적인 위생과 안전을 점검하여야 한다.
- 주방은 1일 1회 이상 청소하여야 한다.
- 벽이나 바닥은 세균이나 곰팡이의 번식을 막을 수 있는 타일이나 항균재료를 사용하고 세척이 용이해야 한다.
- 주방의 적정온도는 16~18℃와 65~75%의 습도를 유지한다.
- 통풍이 잘 되도록 통풍구와 환기시설을 갖추고 정기적으로 점검한다.
- 주방은 정기적으로 방제소독을 실시한다.
- 식재료 구입 시 함께 들여온 포장지는 바로 회수토록 하여 각종 오염이나 해충의 번식을 막는다.
- 쓰고 남은 폐유는 버리지 말고 따로 모아 전문기관에서 수거하도록 한다.
- 주방에는 외부인의 출입을 금지하고, 부득이한 경우 다른 장소를 이용한다.
- 식재료 반입 시 들여온 빈 상자는 다른 박스로 옮겨 담는다.
- 벽이나 바닥의 타일이 파손되었을 경우 즉시 보수한다.

제4장 조리공간의 화재예방

1. 조리공간의 안전과 화재예방

조리장의 규모가 대형화되고 각종 기기들의 도입이 늘어나 이제는 조리공간이 커다란 공장을 연상하게 한다. 이렇게 조리장의 대형화는 재해에서도 대형사고를 유발하게 되어 인명 또는 재산상의 손실을 불러일으키고 있다. 따라서 안전은 주방 또는 관련된 사업장에서 발생할 수 있는 신체상, 재산상의 피해를 사전에 예방할 수 있는 대책과 실행을 의미한다.

우선 개인적으로 조리 시에 발생할 수 있는 각종 사고요인을 파악하고 조리 시 안전수칙에 대한 주의를 기울인다면 사고발생을 현저하게 줄일 수 있을 것이다.

1) 조리사의 개인 안전수칙

- 칼을 사용할 때는 시선을 칼끝에 두고 자세를 안정되게 잡는다.
- 작업장 내에서는 절대 뛰지 않는다.
- 칼이나 위험한 물건들은 다른 사람들의 눈에 잘 띄는 곳에 두며 안전한 보관함을 이용한다.
- 칼을 떨어뜨렸을 때는 손으로 잡지 말고 한 걸음 물러나 피한다.
- 바닥은 항상 마른 상태를 유지하고 기름이나 물이 떨어졌을 때는 즉시 닦아준다.
- 뜨거운 용기를 잡을 때는 마른행주를 이용한다.

- 무거운 짐이나 뜨거운 음식을 옮길 때는 주위를 환기시킨다.
- 조리복은 몸에 맞고 열전달이 느린 면 종류를 선택하며 신발은 기준안전화를 착용한다.
- 구급함을 비치하고 구급품을 정기적으로 점검한다.

2) 조리기기 안전

- 물 묻은 손으로 전기기구를 조작하지 않는다.
- 기구를 청소할 때는 스위치를 확인하고 콘센트를 뽑은 뒤에 닦는다.
- 기계작동 순서와 안전수칙을 숙지하고 사용한다.
- 물청소를 할 때 장비나 스위치에 물이 튀지 않도록 한다.
- 육가공 절단기를 사용할 때는 안전장비를 갖추고 이용한다.
- 룸 냉장, 냉동실 안에서 잠금장치를 해제할 수 있는 시설을 갖춘다.
- 슬라이스(slice) 기계나 찹퍼(chopper) 사용 시엔 재료 외에 다른 이물질이 들어가지 않도록 각별한 주의를 한다.
- 기계 사용 시 작업이 완전히 끝날 때까지 자리를 비우지 않는다.

3) 가스 사용 시 주의사항

- 가스의 성질에 대한 사전지식을 숙지한다.
- 가스기구를 사용하기 전에 환기를 생활화한다.
- 화기 주변에 가연성 물질을 놓지 않는다.
- 연소기 주변을 정기적으로 청소하여 이물질이 생기지 않도록 한다.
- 가스 냄새가 나면 코크 밸브는 물론이고 중간 밸브를 꼭 잠근 다음 환기한다.
- 가스기기에서 조리 시 자리를 뜨지 않는다.
- 정기적인 가스안전교육으로 예방의식을 강화한다.

4) 화재예방과 초기진압

- 가스기기 최초 사용자는 밸브의 개폐여부, 누설여부를 확인하고 안전이 확보된 다음 점화한다.
- 소화기는 눈에 잘 띄는 곳에 설치하고 사용법을 숙지한다.
- 용량에 맞는 전기기구와 가스기기를 사용한다.
- 조리작업 종료 시에는 코크–중간 밸브–메인 밸브의 순으로 잠그고, 메인 밸브에는 시건장치를 한다.
- 화재진압체계를 구축한다.
- 화재발생 시 침착하게 판단하고 초기화재 시 소화기로 불길을 제압한다.
- 초기에 진화할 수 있다고 판단될지라도 방제실 또는 비상 관제실에 연락한다.
- 화재발생 시 주위 근무자에게 즉시 알린다.

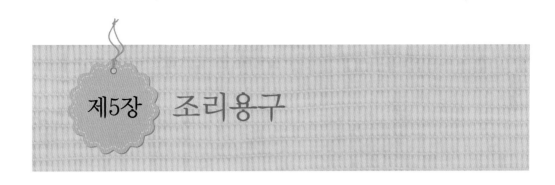

제5장　조리용구

1. 칼

　경험이 풍부한 조리인은 칼을 가장 소중히 여긴다. 음식물을 만드는 속도에도 관련이 있지만, 그의 업무에 대한 직업적인 표현을 위하여 끝마무리는 절단이 항상 깨끗하고 매끄러워야 하기 때문이다. 이러한 이유로 유능한 조리인들은 자신만을 위한 나이프 세트를 개인적으로 구입하여 자기 소유임을 표시하여 다른 사람들은 사용치 못하게 하고 있다.

2. 칼 다루는 법

1) 식도의 선택

　우선 용도에 맞는 치수와 종류의 것을 선택하고, 자루 쪽에서 보아 칼등이 직선인 것, 이가 빠지지 않은 것, 칼자루가 단단히 박힌 것을 고른다. 칼끝으로는 뼈에붙은 육류나 생선, 새우, 포 등을 뜨며 칼등을 이용해서는 우엉껍질을 벗긴다던지, 고기를 다질 때 사용한다. 칼배를 이용해서는 두부나 새우를 으깨며, 칼밑으로는 셀러리, 고구마, 감자 등의 껍질을 벗길 때 사용한다.

2) 칼 사용법

　칼은 힘을 주지 말고, 가볍게 쥐어야 한다. 잡아당겨 썰기, 밀어 썰기, 눌러 썰기 등이 있으며 칼날의 각도가 적을수록 아래로 누르는 힘에 대하여 양측으로 가르는 힘이 크게 작용한다. 채소류를 썰 때에는 이 이치가 꼭 알맞으나 단단한 재료의 경우에는 두껍고 무게가 있는 칼이 오히려 편리하다. 생선을 회로 썰 때에는 칼을 움직이면서 내리밀면서 썰어야 하나, 뒤로는 밀지 말고 앞으로 잡아당기는 칼질을 해야 한다.

- 잡아당겨 썰기 : 오징어 칼집 낼 때
- 밀어 썰기 : 채썰 때, 토막 낼 때, 샌드위치, 김밥
- 눌러 썰기 : 다질 때

3. 칼과 도마의 종류

① 칼 : 육류용 칼, 채소용 칼, 저미는 칼 등 그 모양이 각기 다르다. 칼에는 다듬는 칼에서부터 생선을 잘라내는 큰 칼, 다지는데 무게가 있는 칼, 저미는 얇은 칼 등이 있다.

② 도마 : 빵이나 냄새나지 않는 것을 자르는 도마, 생선이나 육류용으로 사용하며 소독할 수 있는 도마, 토막 칠 수 있는 도마 등이 있다. 도마는 건조한 채로 쓰지 말고, 일단 물로 씻어 내리고 행주로 잘 닦은 다음에 사용해야 한다. 도마를 건조한 채로 사용하면 나무 도마의 경우 요리재료가 도마의 나무결에 스며들고 물에 젖은 채로 쓰게 되면 재료의 맛이 떨어지게 되기 때문이다.

> ▶ 생선용
>
> 찬물로 한 번 닦고 더운물로 닦아야 단백질이 응고되지 않고 냄새가 나지 않는다. 플라스틱 도마가 위생적이기는 하나 나무도마가 더 좋으며 도마의 크기는 폭 30cm, 길이 40cm 정도 되는 것이 쓰기에 편리하다.

4. 칼의 손질

칼은 산이나 소금기에 약하므로 사용 후 꼭 따뜻한 물에 씻어 물기를 닦아낸 뒤 보관한다.

5. 숫돌 사용법

① 각도 45°로, 칼등과 숫돌과의 사이는 10원짜리 동전 하나 두께로 하고, 밀 때는 힘을 주고 잡아당길 때는 힘을 뺀다. 뒤집어서 갈 때는 반대로 잡아당 길 때 힘을 준다.(4~6회 반복)

② 이가 빠진 칼날은 거친 숫돌에 갈면 칼날이 일정해진다. 숫돌에 물을 끼얹고 물 기가 골고루 배어든 후에 갈기 시작한다. 칼은 1주일에 한 번은 갈아야 한다.

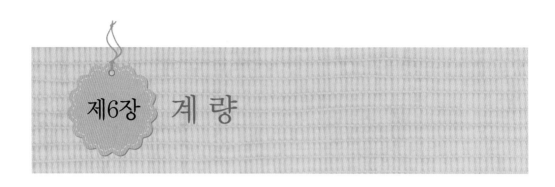

제6장 계량

음식을 성공적으로 만드는 데에는 재료의 정확한 계량이 필수적이다. 재료를 정확하게 계량하려면 계량기구를 이용해 정확하게 측정하는 방법을 숙지하고 습관화하는 것이 필요하다.

재료의 양은 무게를 측정하거나 부피를 측정하여 계량할 수 있다. 정확한 저울로 정확히 계량한다면 무게로 계량하는 것이 부피로 하는 것보다 더 정확하다. 그러나 부피를 재는 것이 보다 더 쉽고 편리하여 일상생활에서 대부분의 레시피는 재료의 무게보다 부피로 계량하고 있다. 부피는 리터(L), 밀리리터(ml), 무게는 그램(g), 킬로그램(kg)으로 나타낸다.

1. 부피 측정

부피를 재기 위한 계량기구에는 계량컵과 계량스푼이 있는데, 한국식 1컵은 200cc로 사용하며 미국의 1컵은 240cc이다. 계량컵과 계량스푼을 사용할 때는 묻지 않도록 주의하고 기름 등 액체는 계량컵의 눈높이를 맞추어서 계산한다. 물을 기준으로 할 경우 50g(1/4컵), 100g(1/2컵), 150g(2/3컵), 200g(1컵)의 4개가 한 조로 구성되어 있거나 1개의 컵에 눈금으로 4종류가 표시되어 있는 두 종류가 있다. 계량스푼은 조미료의 부피를 측정하는 데 사용되며, Ts(Table spoon, 큰술), ts(tea spoon, 작은술)로 표시한다.

2. 무게 측정

가정에서 무게를 달기 위해서는 용량이 작으면서 그램 단위까지 정확하게 측정할 수 있는 것이 좋다. 재료의 무게를 정확하게 측정하려면 저울의 정면에서 바늘을 0으로 맞춘 후 재료를 올려놓고 재야 한다. 사용하지 않을 때는 저울에 아무것도 올려놓지 않도록 한다. 전자저울을 사용하면 정확하게 계량할 수 있으며 일상에서 많이 사용하는 식품들은 목측량(눈대중량)을 알고 있으면 더욱 편리하다.

3. 계량방법

1) 가루상태의 식품

가루상태의 식품은 덩어리가 없는 상태(체에 친다)에서 누르지 말고 수북이 담아 편편한 것으로 고르게 밀어 표면이 평면이 되도록 깎아서 계량하도록 한다. 특히 밀가루나 설탕 등은 덩어리가 있으면 대강 부수어 이를 체에 쳐서 계량컵이나

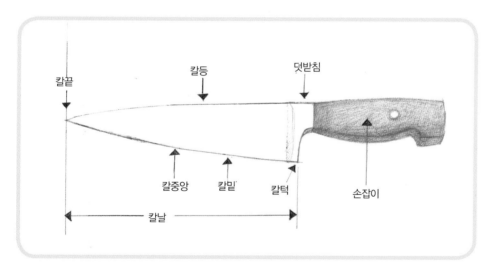

계량스푼에 가볍게 담고 표면을 평면이 되도록 깎아서 계량한다. 황설탕은 꼭꼭 눌러 컵 모양이 나오도록 하여 계량한다.

밀가루의 계량법

백설탕 계량법   흑설탕 계량법

2) 액체식품

기름, 간장, 물, 식초 등의 액체식품은 투명한 용기를 사용하며 표면장력이 있으므로 계량컵이나 계량스푼에 약간 솟아오를 정도로 가득 채워서 계량한다.

3) 고체식품

된장이나 다진 고기 등의 고체식품은 계량컵이나 계량스푼에 빈 공간이 없도록 채워서 표면을 평면이 되도록 깎아서 계량한다.

4) 알갱이 상태의 식품

쌀, 팥, 통후추, 깨 등의 알갱이 상태의 식품은 계량컵이나 계량스푼에 가득 담아 살짝 흔들어서 표면을 평면이 되도록 깎아서 계량한다.

5) 농도가 있는 양념

된장이나 고추장 등 농도가 있는 식품은 계량컵이나 계량스푼에 꾹꾹 눌러 담아 편편한 것으로 고르게 밀어 표면이 평면이 되도록 깎아서 계량한다.

4. 계량단위

1컵 = 1Cup = 1C = 물 200cc = 약 13큰술 + 1작은술

1큰술 = 1Table spoon = 1Ts = 물 15cc = 3작은술

1작은술 = 1tea spoon = 1ts = 물 5cc

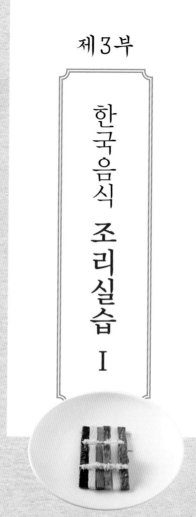

제3부

한국음식 조리실습 I

한식 밥조리 비빔밥 · 콩나물밥

한식 죽조리 장국죽

한식 탕조리 완자탕

한식 찌개조리 두부젓국찌개 · 생선찌개

한식 구이조리 더덕구이 · 북어구이 · 너비아니구이 · 제육구이 · 생선양념구이

한식 조림 · 초조리 두부조림 · 홍합초

한식 볶음조리 오징어볶음

한식 전 · 적조리 육원전 · 표고전 · 풋고추전 · 생선전 · 섭산적 · 지짐누름적 · 화양적

한식 숙채조리 칠절판 · 탕평채 · 잡채

한식 생채조리 무생채 · 도라지생채 · 더덕생채 · 겨자채

한식 회조리 미나리강회 · 육회

한식 기초조리실무 재료 썰기

한식 김치조리 배추김치 · 오이소박이

합격으로 가는 길

1. 복장(반바지, 치마, 샌들), 두발(머리묶음, 염색), 손톱(반지, 귀고리, 팔찌, 시계) 등이 단정한지 확인한다.

2. 시험시작을 알리면 손을 씻고 접시 2개에 주어진 재료를 씻으면서 각각 분리한다.

3. 도마가 움직이지 않도록 젖은 행주를 깔아준다.

4. 사용할 도구들을 편리하게 배열한다.

5. 청결을 유지하기 위해 수시로 닦아주며 작업한다.

6. 파, 마늘은 최대한 곱게 다진다.

7. 흰색 재료부터 썰기 작업을 한다.

8. 고기는 7대 양념을 한다.(간장, 설탕, 파, 마늘, 깨소금, 후추, 참기름)

9. 육수 색은 간장으로, 간은 소금으로 한다.

10. 고명 위에 올라가는 재료들은 최대한 얇게 채썬다.

11. 절여야 되는 채소들을 신경쓴다.

12. 불(가스레인지) 위에 무언가 올라가 있게 한다.

13. 고춧가루는 체에 내려 사용해야 작품이 고르게 나온다.

14. 음식을 태우거나 익히지 않는 등에 신경쓴다.

15. 제출하기 전 요구사항과 수험자 유의사항을 꼭 한번 읽는다.

16. 완성된 작품과 어울리는 접시에 보기 좋게 담아 제출한다.

17. 수량과 고명을 확인 후 제출한다.

수험자 유의사항

1. 만드는 순서에 유의하며, 위생과 숙련된 기능평가를 위하여 조리작업 시 맛을 보지 않습니다.

2. 지정된 수험자 지참준비물 이외의 조리기구나 재료를 시험장 내에 지참할 수 없습니다.

3. 지급재료는 시험 전 확인하여 이상이 있을 경우 시험위원으로부터 조치를 받고 시험 중에는 재료의 교환 및 추가지급은 하지 않습니다.

4. 요구사항 및 지급재료의 규격은 "정도"의 의미를 포함하며, 재료의 크기에 따라 가감하여 채점됩니다.

5. 위생복, 위생모, 앞치마, 마스크를 착용하여야 하며, 시험장비 · 조리기구 취급 등 안전에 유의합니다.

6. 다음 사항은 실격에 해당하여 채점 대상에서 제외됩니다.

    가) 수험자 본인이 시험 도중 시험에 대한 포기 의사를 표현하는 경우

    나) 위생복, 위생모, 앞치마, 마스크를 착용하지 않은 경우

    다) 시험시간 내에 과제 두 가지를 제출하지 못한 경우

    라) 문제의 요구사항대로 과제의 수량이 만들어지지 않은 경우

    마) 완성품을 요구사항의 과제(요리)가 아닌 다른 요리(예, 달걀말이 → 달걀찜)로 만든 경우

    바) 불을 사용하여 만든 조리작품이 작품특성에 벗어나는 정도로 타거나 익지 않은 경우

    사) 해당 과제의 지급재료 이외 재료를 사용하거나 요구사항의 조리기구(석쇠 등)로 완성품을 조리하지 않은 경우

    아) 지정된 수험자 지참준비물 이외의 조리기술에 영향을 줄 수 있는 기구를 사용한 경우

    자) 가스레인지 화구 2개 이상(2개 포함) 사용한 경우

    차) 시험 중 시설 · 장비(칼, 가스레인지 등) 사용 시 시험위원 및 타 수험자의 시험 진행에 위해를 일으킬 것으로 시험위원 전원이 합의하여 판단한 경우

    카) 요구사항에 표시된 실격 및 부정행위에 해당하는 경우

7. 항목별 배점은 위생상태 및 안전관리 5점, 조리기술 30점, 작품의 평가 15점입니다.

8. 시험시작 전 가벼운 몸 풀기(스트레칭) 동작으로 긴장을 풀고 시험을 시작합니다.

한식 밥조리(비빔밥, 콩나물밥)

1) 주식류

(1) 밥

밥은 한자어로 반(飯)이라 하고, 일반 어른에게는 진지, 왕이나 왕비는 수라, 제사에는 메 또는 젯메라 각각 지칭한다. 곡물을 호화시키기 위하여 초기에는 토기에 곡물과 물을 넣고 가열하여 죽을 만들다가 시루가 생김에 따라 곡물을 시루에 찌다가 철로 만든 솥이 보급됨에 따라 밥 짓는다는 뜻의 취(炊)가 되었다.

『지문별집(咫聞別集)』에서는 "증곡위반(蒸穀爲飯)이라 하여 곡물을 한 번 쪄서 얻은 밥을 분(饋)이라 하였고, 장시간에 걸쳐 쪄내 연화된 밥은 류(餾)라 하였다. 청나라 때는 장영의 『반유십이합설(飯有十二合說)』에서 "조선 사람들은 밥 짓기를 잘한다"고 하였으며, 『옹희잡지』에는 "우리나라 밥 짓기는 천하에 이름난 것이다"라는 기록이 남아 있어 조선시대에 이미 밥 짓기(炊飯法)가 상용화된 것을 알 수 있다.

(2) 밥의 종류

① 보리밥(麥飯)

보리의 종류로는 겉보리, 쌀보리, 찰보리, 늘보리가 있는데, 겉보리는 껍질이 잘 분리되지 않는 보리를 말하며, 쌀보리는 가장 일반적인 보리로 겉껍질과 속껍질이 잘 분리되며 우리나라에서만 생산된다. 찰보리는 찰기가 있는 보리로 노르스름한 빛을 띠고 있으며, 소화흡수율이 높다. 늘보리는 겉보리의 겨를 벗긴 것으로 구수한 맛이 특징이며 꽁보리밥을 지을 때 적당하다. 보리를 먹기 좋게 가공한 것으로 할맥(割麥)과 압맥(壓麥)이 있는데 할맥은 보리알 중심부에 있는 홈 안에 소화되지 않는 섬유소 부위를 쪼개고 도정하여 쌀모양으로 가공한 것을 말하며, 압맥은 납작보리라고도 하는데 통보리를 증기로 가열하여 압편한 것으로 수분흡수율이 높아 불리는 과정을 거치지 않고 밥을 할 수 있는 장점이 있다.

② 약반(藥飯)

정월 대보름의 절식으로 『삼국유사』「사금갑조(射琴匣條)」에 "정월 15일을 오기일(烏忌日)로 정하여 찰밥을 지어 까마귀에게 제사 지냈다"는 내용에서 유래되었다.

③ 비빔밥

음력 12월 30일인 섣달그믐에 남은 음식은 해를 넘기지 않게 한다는 의미에서 비벼먹던 밥을 이르는 말로 한자어로 골동반(骨董飯)이라 한다. 골동반(骨董飯)은 '어지럽게 여러 가지를 섞는다'라는 의미가 있다.

비빔밥

비빔밥은 제철에 나는 여러 가지 나물과 고기를 볶아서 달짝지근한 약고추장과 함께 어울려 먹는 밥으로 영양학적으로 균형 잡힌 일품음식이다. 비빔밥은 전주비빔밥, 진주비빔밥, 통영비빔밥 등 각 지역마다 독특한 형태로 발전하기도 했고, 육회비빔밥, 산채비빔밥, 꼬막비빔밥 등 다양한 모습으로 확장되고 있다.

요구사항

주어진 재료를 사용하여 다음과 같이 비빔밥을 만드시오.

가. 채소, 소고기, 황 · 백지단의 크기는 0.3cm×0.3cm×5cm로 써시오.

나. 호박은 돌려깎기하여 0.3cm×0.3cm×5cm로 써시오.

다. 청포묵의 크기는 0.5cm×0.5cm×5cm로 써시오.

라. 소고기는 고추장 볶음과 고명에 사용하시오.

마. 담은 밥 위에 준비된 재료들을 색 맞추어 돌려 담으시오.

바. 볶은 고추장은 완성된 밥 위에 얹어 내시오.

지급재료 목록

재료명	규격	수량
쌀	30분 정도 물에 불린 쌀	150g
애호박	중(길이 6cm)	60g
도라지	찢은 것	20g
고사리	불린 것	30g
청포묵	중(길이 6cm)	40g
소고기	살코기	30g
달걀		1개
건다시마	5×5cm	1장
고추장		40g
식용유		30mL
대파	흰 부분(4cm)	1토막
마늘	중(깐 것)	2쪽
진간장		15mL
흰 설탕		15g
깨소금		5g
검은 후춧가루		1g
참기름		5mL
소금	정제염	10g

7대 양념(소고기 + 고사리)
간장 2작은술, 설탕 1작은술, 파 1작은술, 마늘 ½작은술,
깨소금, 후추, 참기름 적당량

약고추장
고추장 1큰술, 다진 소고기 10g, 설탕 1작은술, 물 1큰술,
참기름 ½작은술

만드는 방법

❶ 밑준비
- 쌀은 깨끗이 씻어 질거나 타지 않도록 고슬고슬하게 밥을 지어 놓는다.
- 소고기 일부는 채썰어 갖은양념을 하고 남은 소고기는 곱게 다져 약고추장으로 쓴다.
- 고사리는 뻣뻣한 줄기를 잘라내고, 5cm 길이로 잘라 7대 양념장으로 무친다.
- 도라지, 애호박은 0.3cm×0.3cm×5cm로 찢어서 소금으로 주물러 씻어 쓴맛을 뺀다.
- 청포묵은 0.5cm×0.5cm×5cm로 채썰어 끓는 물에 데쳐 식힌 다음 소금, 참기름으로 무친다.
- 달걀은 황·백으로 나누어 소금을 넣고 잘 저어 거품을 제거한다.

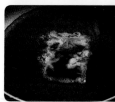

❷ 재료 볶기
- 달걀은 황·백으로 지단을 부쳐 0.3cm×0.3cm×5cm로 채썬다.
- 팬에 기름을 두르고, 다시마를 먼저 튀겨내 기름을 제거하고 잘게 부순다.
- 다시마를 튀기고 남은 기름을 이용하여 도라지, 애호박, 고사리, 소고기를 각각 볶아낸다.
- 팬에 다진 소고기를 볶으면서 고추장, 설탕, 물, 참기름을 넣어 부드럽게 볶아 약고추장을 만든다.

❸ 완성하기
- 밥 위에 재료들을 색 맞추어 돌려 담은 뒤 다시마튀각, 약고추장, 황·백지단을 얹어낸다.

Check point

구분	조리기술						작품평가		
항목	재료 손질	채소 볶기	밥 짓기	다시마 튀각	약고추장	맛을 보는 경우	맛	색	그릇 담기
중요도	★	★★	★★	★★	★★	☆	★	★	★

배점표

구분	위생상태				조리기술									작품평가			
항목	1	2	3	소계	1	2	3	4	5	6	7	8	9	10	11	12	소계
	위생복 착용 개인 위생	정리 정돈 청소	조리 순서 재료 기구 취급		재료 손질	밥 짓기	채소 썰어 볶기	고기 썰어 볶기	청포묵 무치기	다시마 튀기기	지단 부치기	약고 추장 만들기	맛을 보는 경우	맛	색	그릇 담기	
배점	0 2 3	0 2 3	0 2 4	10	0 2	0 2 5	0 2 5	0 1 2	0 2 5	0 2 4	0 2 5	0 2 5	0 -2	0 3 6	0 2 8	0 2 4	45

꼭 알아두세요!

- 밥을 지을 때는 센 불, 끓어오르면 중불, 뜸은 약불에서 고슬고슬하게 짓는다.
- 먼저 지단, 나물류, 고기류, 고추장 순으로 작업하는 것이 좋다.
  (지단→다시마→도라지→호박→고사리→쇠고기→약고추장)

콩나물밥

콩나물밥은 쌀, 콩나물, 고기를 넣고 고슬고슬하게 지은 별미 밥이다. 여기에 넣는 고기는 쇠고기 또는 돼지고기 어느 쪽이나 기호에 따라 넣을 수 있다. 콩나물을 넣고 밥을 짓기 때문에 일반적인 밥보다는 수분을 적게 넣고 밥을 짓도록 한다.

요구사항

주어진 재료를 사용하여 다음과 같이 콩나물밥을 만드시오.

가. 콩나물은 꼬리를 다듬고 소고기는 채썰어 간장양념을 하시오.

나. 밥을 지어 전량 제출하시오.

지급재료 목록

재료명	규격	수량
쌀	30분 정도 물에 불린 쌀	150g
콩나물		60g
소고기	살코기	30g
대파	흰 부분(4cm)	½토막
마늘	중(깐 것)	1쪽
진간장		5mL
참기름		5mL

소고기
진간장 ¼작은술, 다진 파 ½작은술, 다진 마늘 ¼작은술, 참기름

만드는 방법

❶ 밑준비

- 쌀은 깨끗이 씻어 따뜻한 물에 불려둔다.
- 콩나물 껍질과 꼬리는 깨끗이 다듬어 씻어 놓는다.
- 소고기는 기름기를 제거하고 결대로 곱게 채썰어 양념한다.

❷ 밥 짓기

- 냄비나 솥에 불린 쌀을 고루 안치고 그 위에 콩나물과 양념한 고기를 얹은 다음 밥물(1:1)을 붓고 센 불에서 시작한 후 끓기 시작하면 약불로 놓고 밥을 짓는다.

❸ 완성하기

- 완성된 밥은 뜸 들인 후 위, 아래를 가볍게 섞어 그릇에 담아낸다.

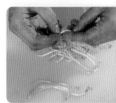

Check point

구분	조리기술						작품평가		
항목	재료 손질	콩나물 꼬리 손질	고기 채썰기	고기 양념	밥 짓기	맛을 보는 경우	맛	색	그릇 담기
중요도	★	★★	★★	★★	★★	☆	★	★	★

배점표

구분	위생상태				조리기술						작품평가			
항목	1	2	3	소계	1	2	3	4	5	6	7	8	9	소계
	위생복 착용 개인 위생	정리 정돈 청소	조리 순서 재료 기구 취급		재료 손질	파, 마늘 다지기	콩나물 손질 하기	소고기 썰어 양념 하기	밥 짓기	맛을 보는 경우	맛	색	그릇 담기	
배점	0 2 3	0 2 3	0 2 4	10	0 2 5	0 2 5	0 2 5	0 2 5	0 5 10	0 −2	0 3 6	0 2 5	0 2 4	45

- 콩나물에서 수분이 빠져나오므로 보통 밥을 지을 때보다 물을 적게 잡는다.(1:1)
- 고기 채를 얹을 때는 하나하나 풀어 담아야 한 덩어리가 되는 것을 막을 수 있다.
- 밥을 짓는 동안 뚜껑을 열면 콩나물의 비린내가 난다.
- 지급품목에 통깨가 없으므로 사용하지 않아야 한다.

한식 죽조리(장국죽)

1) 죽 · 미음 · 응이

죽은 재료에 따라 흰죽, 두태죽, 장국죽, 어패류죽, 비단죽 등이 있으며, 이른 아침에 내는 초조반이나 보양식, 병인식, 별식으로 많이 쓰인다. 『조선무쌍신식요리제법』에는 "죽이란 물만 보이고 쌀이 보이지 않아도 죽이 아니요, 쌀만 보이고 물이 보이지 않아도 죽이 아니라, 반드시 물과 쌀이 서로 화하여 부드럽고 기름지게 되어 한결같이 된 연후에야 죽이라 이르나니 윤문서공은 차라리 사람이 죽을 기다릴지라도 죽이 사람을 기다려서는 안 되며, 이는 죽을 바로 먹지 않으면 맛이 변하고 국물이 마르게 된다."고 하였다. 지금도 전복죽은 보양음식으로 애호되며, 궁중에서는 우유를 넣은 타락죽이 있으며, 쑤는 방법에 따라 죽, 미음, 응이로 세분화되어 있다.

종류	특성
죽	쌀 분량의 5~6배의 물을 사용 • 옹근죽: 쌀알을 그대로 쑤는 것 • 원미죽: 쌀알을 굵게 갈아 쑤는 것 • 무리죽(비단죽): 쌀알을 곱게 갈아 쑤는 것
암죽	곡식을 말려 가루로 만들어 물을 넣고 끓인 죽으로 이유식이나 환자식, 노인식으로 많이 쓰인다. 쌀가루를 백설기로 만들어 말렸다가 끓인 것을 떡암죽이라 하고 쌀을 쪄서 말려 가루로 하여 끓인 것을 쌀암죽이라 한다. 밤을 넣은 밤암죽도 있다.

미음	곡물 분량의 10배가량의 물을 붓고 낟알이 푹 물러 퍼질 때까지 끓인 다음 체에 밭쳐 국물만 마시는 음식
응이	곡물을 갈아 앙금을 얻어서 이것으로 쑨 것. '의이'라고도 함 예) 율무응이 · 연근응이 · 수수응이

2) 죽을 쑬 때 주의할 점

죽에 넣는 물은 중간에 넣지 않고 처음부터 정량을 넣고 끓여내야 죽이 잘 어우러진다. 약불에서 서서히 끓이며, 두꺼운 냄비를 사용한다. 나무주걱으로 서어주고 끓기 시작하면 자주 젓지 않는다. 자주 저으면 전분이 분리되면서 죽이 삭는 경우가 있기 때문이다.

시험시간
30분

장국죽

멥쌀을 씻어 불린 후 굵게 빻아 다진 쇠고기와 채썬 표고버섯을 넣어 끓인 죽으로 간장으로 간을 하여 장국죽이라고 한다. 사용하는 간장은 청장을 사용하여 색을 내고 나머지는 소금으로 간을 한다.

요구사항

주어진 재료를 사용하여 다음과 같이 장국죽을 만드시오.

가. 불린 쌀을 반 정도로 싸라기를 만들어 죽을 쑤시오.
나. 소고기는 다지고 불린 표고는 3cm의 길이로 채 써시오.

지급재료 목록

재료명	규격	수량
쌀	30분 정도 물에 불린 쌀	100g
소고기	살코기	20g
건표고버섯	지름 5cm, 물에 불린 것 (부서지지 않은 것)	1개
대파	흰 부분(4cm)	1토막
마늘	중(간 것)	1쪽
진간장		10mL
깨소금		5g
검은 후춧가루		1g
참기름		10mL
국간장		10mL

6대 양념장(소고기+표고)
간장 1작은술, 다진 파 ¼작은술, 다진 마늘 ⅛작은술,
깨소금, 참기름, 후춧가루 적당량

만드는 방법

❶ 밑준비
- 쌀은 씻어 불린 후 건져서 방망이로 쌀알의 ½ 크기로 빻아서 싸라기를 만든다.
- 파, 마늘은 곱게 다진다.
- 소고기는 기름기를 제거한 후 곱게 다지고, 표고버섯은 따뜻한 물에 불려 물기를 짠 후 포를 떠서 3cm 길이로 곱게 채썰어 6대 양념을 한다.

❷ 죽 쑤기
- 냄비에 참기름을 두른 후, 소고기와 표고버섯을 넣고 볶다가 으깬 쌀을 넣어 충분히 볶는다.
- 쌀 분량의 5~6배의 물을 계량하여 놓고, 계량한 물의 반만 붓고 센 불에서 끓이다가 나머지 물을 넣어 은근한 불에서 저어가며 충분히 끓여 쌀알이 퍼지도록 한다.
- 쌀알이 충분히 퍼지면 국간장으로 간과 색을 맞춘다.

❸ 완성하기
- 죽이 잘 어우러지면 표고버섯이 보이게 그릇에 담아낸다.

Check point

구분	조리기술						작품평가		
항목	재료 손질	콩나물 꼬리 손질	고기 채썰기	고기 양념	밥 짓기	맛을 보는 경우	맛	색	그릇 담기
중요도	★	★★	★★	★★	★★	☆	★	★	★

배점표

구분	위생상태				조리기술						작품평가			
항목	1	2	3	소계	1	2	3	4	5	6	7	8	9	소계
	위생복 착용 개인 위생	정리 정돈 청소	조리 순서 재료 기구 취급		재료 손질	파, 마늘 다지기	콩나물 손질 하기	소고기 썰어 양념 하기	밥 짓기	맛을 보는 경우	맛	색	그릇 담기	
배점	0 2 3	0 2 3	0 2 4	10	0 2 5	0 2 5	0 2 5	0 2 5	0 5 10	0 −2	0 3 6	0 2 5	0 2 4	45

🔖 꼭 알아두세요!

■ 죽 끓이기
- 표고버섯의 길이가 2cm를 넘지 않게 가늘게 채썬다.
- 죽은 쌀을 충분히 불려야 잘 퍼지며 물은 쌀 분량의 6배 정도로 잡는다.(1:6)
- 불린 쌀을 빻을 때 너무 곱게 부수면 죽이 풀같이 쑤어지므로 유의한다.
- 쌀알이 충분히 퍼지도록 끓인다.
- 죽은 식으면 되직하게 되므로 그릇에 담아내기 직전에 농도를 잘 맞춰 뜨거울 때 제출한다.
- 장국죽은 색깔(엷은 갈색-간장), 간 맞추는 시기(마지막-소금), 농도(묽은 상태-물)에 유의한다.

한식 탕조리(완자탕)

1) 탕

국은 갱(羹), 학(鶴), 탕(湯)으로 표기(한자음)되어 1800년대의『시의전서』에 처음으로 '생치국'이라 하여 국이라는 표현이 나온다. 국은 맑은국, 토장국, 곰국, 냉국으로 나뉜다. 국의 재료로는 채소류, 수조육류, 어패류, 버섯류, 해조류 등 어느 것이나 사용된다.『임원십육지』에 탕이란 향기나는 약용식물을 숙수에 달여서 마시는 음료를 말하고,『동의보감』에서는 약이성 재료를 숙수에 달여서 질병 또는 보강제에 사용하는 것이라 하였다. 이로써 탕은 조리상의 국이 되고 또 음료가 되기도 하고 약이 되기도 하였다.

갱(羹)	학(鶴)	탕(湯)
− 채소를 위주로 끓이는 국	− 고기를 위주로 끓이는 국	− 보통의 국
− 고기가 있는 국	− 동물성 식품으로 끓이는 국	− 제물로 쓰이는 국
− 새우젓으로 간하여 끓인 국	− 채소가 없는 국	− 간장으로 끓이는 국
− 제사에 쓰이는 국(메갱)		− 궁중에서 협반에 놓이는 국
− 궁중에서 원반에 놓이는 국		− 향기나는 약용식물이나 약이성 재료를 달여서 마시는 음료

맑은장국은 소금이나 청장으로 간을 맞추어 국물을 맑게 끓인 것이고, 토장국은 고추장 또는 된장으로 간을 한 국, 곰국은 재료를 맹물에 푹 고아서 소금, 후춧가루로만 간을 한 곰탕, 설렁탕과 같은 것을 말한다. 냉국(찬국)은 더운 여름철에 오이 · 미역 · 다시마 · 우무 등을 재료로 하여 약간 신맛을 내면서 차갑게 만들어 먹는 음식으로 산뜻하게 입맛을 돋우는 효과가 있다. 오이찬국, 미역찬국, 임자수

탕, 깻국탕, 가지냉국 등이 있다. 갈비탕이나 설렁탕처럼 진한 국에 밥을 말아서 일품요리로 먹는 것을 탕반(湯飯)이라 한다. 국은 탕기(갱기)에 담아 뚜껑을 덮어서 상에 내었는데 요즈음은 대접에 담아 뚜껑을 덮지 않는 것으로 변했다.

완자탕

완자탕은 소고기와 두부를 섞어 곱게 다진 뒤 양념하여 둥글게 완자를 빚어 끓인 맑은장국으로 교자상이나 주안상에 어울리는 맑은국이다. 궁중에서는 완자를 봉오리라 하고 민가에서는 모리라고 하여 '봉오리탕', '모리탕'이라고도 했다.

요구사항

주어진 재료를 사용하여 다음과 같이 완자탕을 만드시오.

가. 완자는 지름 3cm로 6개를 만들고, 국 국물의 양은 200mL 이상 제출하시오.
나. 달걀은 지단과 완자용으로 사용하시오.
다. 고명으로 황 · 백지단(마름모꼴)을 각 2개씩 띄우시오.

지급재료 목록

재료명	규격	수량
소고기	살코기	50g
소고기	사태부위	20g
달걀		1개
대파	흰 부분(4cm)	½토막
밀가루	중력분	10g
마늘	중(간 것)	2쪽
식용유		20mL
소금	정제염	10g
검은 후춧가루		2g
두부		15g
키친타월(종이)	주방용(소 18x20cm)	1장
국간장		5mL
참기름		5mL
깨소금		5g
흰 설탕		5g

7대 양념(완자용=소고기 + 두부)
간장 ¼작은술, 설탕 5g(½t), 다진 파 ½작은술,
다진 마늘 ¼작은술, 깨소금, 참기름, 후춧가루 적당량

약고추장
소고기 30g, 물 2½컵, 파 20g, 마늘 1쪽, 소금, 국간장 적당량

만드는 방법

❶ 밑준비

- 소고기의 ⅓분량은 맑은장국으로 준비하고, 남은 소고기는 기름기를 제거하여 곱게 다진다.
- 물기를 짜 곱게 으깬 두부, 다진 고기는 7대 양념을 하여 치대어 직경 2cm의 완자를 빚어 밀가루, 달걀물을 입혀 소량의 기름을 두르고 완자를 굴려가며 (팬을 돌려가며) 지져낸다.
- 달걀은 황·백으로 나누어 반은 마름모꼴로 썰고, 나머지는 체에 내려 완자를 지질 때 사용한다.

❷ 끓이기

- 육수에 간장과 소금으로 간을 맞추고 끓으면 불을 줄이고 완자를 넣어 잠시 끓인다.

❸ 완성하기

- 완자탕을 그릇에 담고 황·백지단을 마름모꼴로 썰어 고명으로 띄워 낸다.

Check point

구분	조리기술						작품평가		
항목	재료 손질	사태 육수	완자 곱게 다지기	완자 굴려 익히기	완자 끓이기	맛을 보는 경우	맛	색	그릇 담기
중요도	★	★★	★★	★★	★★	☆	★	★	★

배점표

구분	위생상태				조리기술									작품평가			
항목	1	2	3	소계	1	2	3	4	5	6	7	8	9	10	11	12	소계
	위생복 착용 개인 위생	정리 정돈 청소	조리 순서 재료 기구 취급		재료 손질	육수 만들기	완자 재료 준비	완자 양념 하여 치대기	완자 빚기	완자 지지기	지단 만들기	완자 익히기	맛을 보는 경우	맛	색	그릇 담기	
배점	0 2 3	0 2 3	0 2 4	10	0 2	0 2 5	0 2 5	0 1 2	0 2 5	0 2 4	0 2	0 2 5	0 -2	0 3 6	0 2 5	0 2 4	45

> **꼭 알아두세요!**

■ 완자
- 팬에 기름을 적게 잡고 약불에서 계속 굴려가며 익혀야 완자를 동그랗게 만들 수 있다.
- 완자는 키친타월 위에 올려놓고 기름기를 제거한 후 끓여야 국물이 탁하지 않다.
- 끓는 육수에 완자를 넣고 잠시 끓여내야 달걀옷이 벗겨지지 않고 국물이 맑다.

한식 찌개조리 (두부젓국찌개, 생선찌개)

1) 찌개(조치) ·지짐이 ·감정

찌개는 조미재료에 짜라 된장찌개, 고추장찌개, 맑은 찌개로 나뉘며 국물을 많이 하는 것을 '지짐이'라고도 한다. '조치'라 함은 보통 우리가 찌개라 부르는 것을 궁중에서 불렀던 이름인데 찌개는 국과 거의 비슷한 조리법으로 국보다 국물이 적고 건더기가 많으며 짠 것이 특징이다. 찌개는 밥에 따르는 찬품의 하나로 건더기가 국보다 많고 간은 센 편으로 궁중에서는 조치, 고추장으로 조미한 찌개는 감정, 국물이 찌개보다 적은 것은 지짐이라고도 불린다.

감정은 고추장과 약간의 설탕을 넣어 끓이는 것을 말한다. 토장찌개는 뚝배기에 된장을 물에 개어서 물을 조금 붓고 다진 쇠고기와 표고버섯을 넣어 참기름, 다진 파, 마늘, 생강으로 양념하여 너무 짜지 않게 끓이는데 궁중에서는 밥솥에 쪄내었다. 반가에서는 건더기는 조금 넣고 된장을 진하게 넣고 끓여 강된장찌개를 먹었다. 절미된장(절메주를 담아 진간장을 빼고 여러 해 두어 된장독 밑바닥과 가장자리에 눌은밥처럼 눌어붙은 된장)을 긁어 체에 밭쳐 끓인 것으로 특히 제주도에서는 표고 꽁지를 모아두었다가 상어 뼈를 같이 넣고 된장을 풀어 간을 맞추어 끓여 먹던 절미된장찌개도 있다.

- 찌개의 분류
  - 주재료−생선찌개 · 두부찌개 · 명란젓찌개 등
  - 조미료−새우젓찌개 · 고추장찌개 · 된장찌개 등

2) 전골

전골이란 육류와 채소에 밑간을 하고 담백하게 간을 한 맑은 육수를 국물로 하여 전골틀에서 끓여 먹는 음식이다. 육류, 해물 등을 전유어로 하고 여러 채소들을 그대로 색을 맞추어 육류와 가지런히 담아 끓이기도 한다. 근래에는 전골의 의미가 바뀌어 여러 가지 재료에 국물을 넉넉히 붓고 즉석에서 끓이는 찌개를 전골인 것처럼 혼동하여 쓰고 있다. 전골 반상이나 주안상에 차려진다. 전골을 더욱 풍미 있게 한 것으로 신선로(열구자탕)가 있고 교자상, 면상 등에 차려진다. 1700년대의 『경도잡지(京都雜誌)』를 보면 "냄비 이름에 전립토"라는 것이 있다. 벙거지 모양에서 이런 이름이 생긴 것이다.

전골에 들어가는 주재료에 따라 각색전골, 낙지전골, 굴전골, 대합전골, 노루전골, 두부전골, 버섯전골, 채소전골, 해물전골, 불낙전골, 송이전골, 신선로, 쇠고기전골, 만두전골, 곱창전골 등으로 다양하다.

두부젓국찌개

두부젓국찌개는 새우젓으로 간을 맞춘 맑은 조치(찌개)로 '굴두부조치'라고도 하며, 굴과 두부를 너무 오래 끓이면 단단해져서 맛이 떨어져 짧은 시간에 끓여내야 맑고 시원한 맛을 느낄 수 있으며, 주로 죽상에 잘 어울리는 음식이다.

요구사항

주어진 재료를 사용하여 다음과 같이 두부젓국찌개를 만드시오.

가. 두부는 2cm×3cm×1cm로 써시오.

나. 홍고추는 0.5cm×3cm, 실파는 3cm 길이로 써시오.

다. 소금과 다진 새우젓의 국물로 간하고, 국물을 맑게 만드시오.

라. 찌개의 국물은 200mL 이상 제출하시오.

지급재료 목록

재료명	규격	수량
두부		100g
생굴	껍질 벗긴 것	30g
실파	1뿌리	20g
홍고추(생)		½개
새우젓		10g
마늘	중(깐 것)	1쪽
참기름		5mL
소금	정제염	5g

만드는 방법

❶ 밑준비

- 굴은 껍질을 골라내고 연한 소금물에 흔들어 씻어 체에 밭쳐둔다.
- 두부는 폭과 길이를 2cm×3cm×1cm로 썬다.
- 붉은 고추는 씨와 속을 빼고 0.5cm×3cm, 실파는 3cm 정도의 길이로 썰고 마늘과 새우젓은 곱게 다진 후 국물을 짜 놓는다.

❷ 끓이기

- 냄비에 물을 붓고, 새우젓과 소금으로 간을 하여 끓어오르면 두부를 넣고 잠깐 끓인 후 굴, 다진 마늘, 붉은 고추 순서로 넣어 짧은 시간 안에 끓여준다.

❸ 완성하기

- 실파와 참기름을 넣고 불을 끈 후 그릇에 담아낸다.

Check point

구분	조리기술						작품평가		
항목	재료 손질	재료 썰기	새우젓 국물	참기름 넣기	맑은 찌개 끓이기	맛을 보는 경우	맛	색	그릇 담기
중요도	★	★★	★★	★★	★★	☆	★	★	★

배점표

구분	위생상태				조리기술							작품평가			
항목	1	2	3	소계	1	2	3	4	5	6	7	8	9	10	소계
	위생복 착용 개인 위생	정리 정돈 청소	조리 순서 재료 기구 취급		재료 손질	마늘 다지기	굴 손질 하기	고추, 실파 썰기	두부 썰기	새우 젓 다지기	젓국 끓이기	맛	색	그릇 담기	
배점	0 2 3	0 2 3	0 2 4	10	0 2 5	0 2 5	0 2 5	0 2 5	0 3	0 2	0 2 5	0 3 6	0 2 5	0 2 4	45

🔲 꼭 알아두세요!

■ 재료
- 굴이나 홍고추를 넣고 오래 끓이거나, 새우젓 국물을 많이 넣고 끓이면 국물이 탁해진다.
- 굴은 동그랗게 부풀어 오르면 익은 것이다.
- 실파는 찌개에 넣자마자 불을 꺼야 숨이 죽는 것을 방지할 수 있다.
- 끓이는 동안 거품을 제거한다.
- 새우젓이 다량일 경우 국물만 사용하고, 소량일 경우 새우젓을 다져 약간의 물을 섞은 후 국물만 넣어 맑게 끓이는 것이 좋다. (국물만 사용하자)
- 건더기의 양이 국물의 ⅗ 정도 되도록 한다.

생선찌개

생선찌개는 생선을 토막내어 채소와 함께 고추장, 고춧가루를 넣고 간을 맞추어 끓인 매콤한 음식으로 국물이 적은 것을 찌개(조치)라 한다. 생선찌개를 끓일 때 고추장의 양을 많이 사용하면 텁텁하므로 고춧가루를 섞어 칼칼하게 끓인다.

> ### 요구사항
>
> **주어진 재료를 사용하여 다음과 같이 생선찌개를 만드시오.**
>
> **가.** 생선은 4~5cm의 토막으로 자르시오.
> **나.** 무, 두부는 2.5cm×3.5cm×0.8cm로 써시오.
> **다.** 호박은 0.5cm 반달형, 고추는 통 어슷썰기, 쑥갓과 파는 4cm로 써시오.
> **라.** 고추장, 고춧가루를 사용하여 만드시오.
> **마.** 각 재료는 익는 순서에 따라 조리하고, 생선살이 부서지지 않도록 하시오.
> **바.** 생선머리를 포함하여 전량 제출하시오.

지급재료 목록

재료명	규격	수량
동태	300g	1마리
무		60g
애호박		30g
두부		60g
풋고추	길이 5cm 이상	1개
홍고추(생)		1개
쑥갓		10g
마늘	중(깐 것)	2쪽
생강		10g
실파	2뿌리	40g
고추장		30g
소금	정제염	10g
고춧가루		10g

양념장
고추장 1큰술, 고춧가루 ½작은술, 소금 ½작은술, 다진 마늘 1큰술, 다진 생강 ½작은술, 후춧가루 적당량

만드는 방법

❶ 밑준비

- 생선은 비늘을 긁어내고, 지느러미를 뗀 후 내장을 손질하여 잘 씻어서 4~5cm 길이로 토막을 낸다.
- 마늘과 생강은 다지고 풋고추와 붉은 고추는 어슷썰어 씨를 털어내고, 실파는 4cm 길이로 썬다.

- 무와 두부는 2.5cm×3.5cm×0.8cm로 썰고, 호박은 0.5cm 두께의 반달모양으로 썬다.
- 쑥갓은 깨끗이 씻어 놓는다.

❷ 끓이기

- 냄비에 물을 넣고 고추장과 소금을 넣어 끓이다가 무를 넣는다. 무가 반쯤 익으면 생선을 넣고, 고춧가루를 넣어 끓어오르면 호박, 두부, 풋고추, 붉은 고추, 다진 생강, 다진 마늘, 후춧가루 순서로 넣고 끓이면서 소금으로 간을 맞춘다.

❸ 완성하기

- 생선 맛이 우러나면 실파, 쑥갓을 넣고 불을 끄고 담아낸다.

Check point

구분	조리기술						작품평가		
항목	재료 손질	채소 썰기	생선 손질	채소 익히기	생선 끓이기	맛을 보는 경우	맛	색	그릇 담기
중요도	★	★★	★★	★★	★★	☆	★	★	★

배점표

구분	위생상태				조리기술								작품평가			
항목	1	2	3	소계	1	2	3	4	5	6	7	8	9	10	11	소계
	위생복 착용 개인 위생	정리 정돈 청소	조리 순서 재료 기구 취급		재료 손질	마늘, 생강 다지기	생선 손질 하기	무, 두부 썰기	쑥갓, 파, 고추 썰기	호박 썰기	찌개 끓이기	맛을 보는 경우	맛	색	그릇 담기	
배점	0 2 3	0 2 3	0 2 4	10	0 2	0 2	0 2 5	0 2 5	0 2 4	0 2 4	0 4 8	0 −2	0 3 6	0 2 5	0 2 4	45

꼭 알아두세요!

■ 생선

- 생선 비늘은 꼬리에서 머리 쪽으로 긁어내고, 먹는 부분(알, 이리 등)과 버리는 부분(쓸개 등)을 골라 깨끗하게 준비한다.
- 생선찌개를 끓일 때 재료는 단단한 것부터 넣는데 생선은 국물이 끓을 때 넣어야 생선살이 부서지지 않고 무는 반드시 익혀야 하고 다른 채소는 너무 무르지 않게 하며, 푸른 채소(실파, 쑥갓)는 찌개에 넣자마자 바로 불을 꺼야 한다.
- 찌개는 국물과 건더기의 비율을 3:2로 자작하게 끓여서 건더기가 국물에 살짝 잠길 정도로 담는다.

한식 구이조리
(더덕구이, 북어구이, 너비아니구이, 제육구이, 생선양념구이)

1) 구이

　구이는 풍미를 즐기는 고온 요리이다. 조리상 중요한 것은 불의 온도와 굽는 정도이다. 식품이 가진 것 이상의 풍미를 내기 위한 여러 가지 구이방법이 있다. 구이는 특별한 기구 없이 할 수 있는 조리법이며 구이를 할 때 재료를 미리 양념장에 재워 간이 밴 후에 굽는 법과 미리 소금 간을 하였다가 기름장을 바르면서 굽는 방법이 있다. 구이는 인류가 화식(火食)을 시작하며 인류가 최초로 개발한 조리법이다. 직화법(直火法)으로 먼 불로 쬐어 굽는 것을 적(炙), 꼬챙이에 꿰어 굽거나 돌을 달구어 고기를 가까운 불에 굽는 번(燔), 약한 불로 따뜻하게 하는 것은 은(穏)이라 한다. 식품을 직접 불에 굽는 것 또는 열 공기층에서 고온으로 가열하면 내면에 열이 오르는 동시에 표면이 적당히 타서 특유의 향미를 가지게 된다. 우리나라 전통의 고기구이는 맥적(貊炙)이다. 맥은 중국의 동북지방으로 고구려를 가리키는 의미이며 고구려 사람들의 고기구이로 중국까지 널리 알려졌다. 고려시대에 숭불정책으로 살생과 육식을 금지하면서 조리법이 잊혀졌다가 몽골의 영향으로 옛 조리법을 되찾아 설하멱(雪下覓)이라 불렸으며 이것이 오늘날의 너비아니이다.

① 너비아니
　18세기 후반에 설하멱이 너비아니로 발전하였는데, 너비아니는 궁중용어로 '고기를 넓게 저몄다'는 뜻이다. 1800년 무렵 공업이 발전하며 석쇠나 번철과 같은 조리기구를 사용하게 되면서 석쇠를 이용해 굽는 간접구이 방식의 너비아니가 발전하게 되었다.

② 불고기

일제시대 말기부터 광복 이후의 시기에 너비아니 대신 불고기라는 말이 사용된 것으로 추정된다. 불고기는 본래 평양 지역에서 사용되던 방언인데, 이 시기에 서울로 전파되면서 너비아니를 대체하는 용어로 사용된 것으로 보인다. 1800년대에 석쇠나 번철과 같은 조리기구가 쓰이면서 석쇠를 이용해 굽는 너비아니로 발전하였고, 이것이 지금의 불고기로 변화되었으며, 대중적인 육수 불고기가 처음 나타난 것은 1980년 『한국의 가정 요리』로 이때부터 육수 불고기가 등장하였다.

더덕구이

더덕구이는 더덕을 소금물에 담가 쓴맛을 빼고 부드럽게 한 후 부스러지지 않도록 두들겨 펴서 유장 처리를 한 다음 고추장 양념장을 발라 약한 불에서 타지 않도록 석쇠에 구운 음식이다. 예로부터 산삼에 버금가는 약효가 있다 하여 '사삼(沙蔘)'이라 하였다.

요구사항

주어진 재료를 사용하여 다음과 같이 더덕구이를 만드시오.

가. 더덕은 껍질을 벗겨 사용하시오.

나. 유장으로 초벌구이하고, 고추장 양념으로 석쇠에 구우시오.

다. 완성품은 전량 제출하시오.

지급재료 목록

재료명	규격	수량
통더덕	껍질 있는 것 (길이 10~15cm)	3개
진간장		10mL
대파	흰 부분(4cm)	1토막
마늘	중(깐 것)	1쪽
고추장		30g
흰설탕		5g
깨소금		5g
참기름		10mL
소금	정제염	10g
식용유		10mL

양념장

고추장 1큰술, 간장 ¼작은술, 설탕 ½큰술, 다진 파 1작은술,
다진 마늘 ½작은술, 깨소금, 참기름, 후춧가루 적당량

유장

참기름 1큰술, 간장 1작은술

만드는 방법

❶ 밑준비

- 더덕은 깨끗이 씻어 위에서부터 가로로 껍질을 돌려가며 벗겨서 반으로 쪼갠 후 소금물에 담근다.
- 손질된 더덕은 물기를 닦고 방망이로 밀거나 두들겨 편편하게 펴서, 유장을 발라둔다.
- 간장에 양념을 넣어 고추장양념장을 만든다.

❷ 재료 볶기

- 더덕에 유장을 바른 후 석쇠에서 애벌구이한 다음 고추장양념장을 골고루 발라 타지 않도록 구워낸다.

❸ 완성하기

- 구운 더덕을 접시에 가지런히 담아낸다.

Check point

구분	조리기술						작품평가		
항목	재료 손질	더덕 손질 두드리기	더덕 유장 바르기	양념장 만들기	석쇠 굽기	맛을 보는 경우	맛	색	그릇 담기
중요도	★	★★	★★	★★	★★	☆	★	★	★

배점표

구분	위생상태			소계	조리기술								작품평가			소계
항목	1	2	3		1	2	3	4	5	6	7	8	9	10	11	
	위생복 착용 개인 위생	정리 정돈 청소	조리 순서 재료 기구 취급		재료 손질	더덕 손질 하기	유장 만들기	양념장 만들기	석쇠 달구기	초벌 구이 하기	양념 발라 더덕 굽기	맛을 보는 경우	맛	색	그릇 담기	
배점	0 2 3	0 2 3	0 2 4	10	0 2 5	0 2 5	0 2	0 3	0 2	0 3	0 5 10	0 −2	0 3 6	0 2 5	0 2 4	45

꼭 알아두세요!

■ **더덕**

- 더덕을 소금물에 잠시 담가 쓴맛을 뺀 다음 물기를 닦는다.
- 물기를 제거한 후 두들겨야 부서지지 않는다.
- 더덕을 넓게 펴기 위해서는 더덕을 방망이로 두들기는 방법과 미는 방법이 있다. 이때 면포를 깔면 더덕이 덜 부서진다.
- 유장은 조금만 바르고 애벌구이를 해야 질척하지 않고 더덕구이의 색깔이 골고루 난다.

북어구이

북어구이는 마른 북어를 물에 불려 두들겨서 부드럽게 한 후 유장을 발라 애벌구이한 다음 고추장 양념에 재워두었다가 석쇠에 굽는 구이 음식이다. 명태는 생것은 생태, 얼린 것은 동태, 건조시킨 것은 북어라고 하며. 냉동과 건조를 반복하여 말린 황태로 구이를 하면 조직이 폭신폭신하여 맛이 더욱 담백하다.

요구사항

주어진 재료를 사용하여 다음과 같이 북어구이를 만드시오.

가. 구워진 북어의 길이는 5cm로 하시오.

나. 유장으로 초벌구이하고, 고추장 양념으로 석쇠에 구우시오.

다. 완성품은 3개를 제출하시오.

　　(단, 세로로 잘라 ⅗토막 제출할 경우 수량부족으로 실격 처리)

지급재료 목록

재료명	규격	수량
북어포	반을 갈라 말린 껍질이 있는 것(40g)	1마리
진간장		20g
대파	흰 부분(4cm)	1토막
마늘	중(깐 것)	2쪽
고추장		40g
흰 설탕		10g
깨소금		5g
참기름		15mL
검은 후춧가루		2g
식용유		10mL

양념장

고추장 2큰술, 간장 ⅓작은술, 설탕 1큰술, 다진 파 1작은술, 다진 마늘 ½작은술, 깨소금, 참기름, 후춧가루 적당량

유장

참기름 1작은술, 간장 ⅓작은술

만드는 방법

❶ 밑준비
- 북어는 물에 불렸다가 물기를 닦아내고 지느러미, 머리, 꼬리를 잘라내고 배를 갈라 뼈를 발라낸 후 6cm 길이로 토막내고, 등 쪽 껍질에 대각선으로 칼집을 넣어 오그라들지 않게 준비한다.
- 간장에 갖은양념을 넣고 고추장 양념장을 만든 후 손질한 북어에 골고루 유장을 발라준다.

❷ 재료 굽기
- 석쇠를 달군 후 기름을 바르고 애벌구이한다.

❸ 완성하기
- 애벌구이한 북어에 고추장 양념장을 앞뒤로 골고루 바르고 석쇠에 올려 타지 않게 구워낸다.

Check point

구분	조리기술						작품평가		
항목	재료 손질	북어 손질	유장 발라 초벌굽기	양념장 만들기	석쇠 굽기	맛을 보는 경우	맛	색	그릇 담기
중요도	★	★★	★★	★★	★★	☆	★	★	★

배점표

구분	위생상태				조리기술								작품평가			
항목	1	2	3	소계	1	2	3	4	5	6	7	8	9	10	11	소계
	위생복 착용 개인 위생	정리 정돈 청소	조리 순서 재료 기구 취급		재료 손질	파, 마늘 다지기	북어 불리기	북어 손질 하여 썰기	유장 만들기	양념장 만들기	북어 굽기	맛을 보는 경우	맛	색	그릇 담기	
배점	0 2 3	0 2 3	0 2 4	10	0 2 5	0 3	0 2	0 2 5	0 2	0 3	0 5 10	0 -2	0 3 6	0 2 5	0 2 4	45

꼭 알아두세요!

■ 전처리 과정
- 통북어 : 미지근한 물에 오래 담갔다가 북어 살이 부서지지 않게 방망이로 자근자근 두들긴다 → 물기 제거→ 머리, 지느러미 제거 → 배를 갈라 뼈 제거 → 껍질 쪽에 잔 칼집
- 황태 : 물에 잠깐 담가 놓는다 → 물기 제거 → 머리, 지느러미 제거 → 뼈 제거 → 껍질 쪽에 잔 칼집
- 코다리 : 반건조된 것이므로 살이 부스러지지 않게 살살 다뤄야 하며 물에 불리거나 두들길 필요가 없다 → 비늘 제거→ 머리, 지느러미 제거 → 배를 갈라 뼈 제거 → 껍질 쪽에 잔 칼집

■ 북어
- 북어는 물에 푹 담갔다가 꺼내 젖은 행주에 싸놓았다가 물기를 없애 잔가시를 제거하고, 북어 껍질에 가로, 세로 잔 칼집을 넣어도 오그라들기 때문에 1~2cm 여유 있게 자른다.
- 북어는 마른행주로 물기를 없애고 유장처리를 하는데 애벌구이할 때 거의 익히고, 고추장 양념장을 여러 번 반복해서 바른 뒤에 구워야 윤기가 난다.
- 가장자리가 잘 타므로 가장자리에 유장을 넉넉히 발라 구우면 덜 탄다.

너비아니구이

너비아니는 소고기의 가장 연하고 맛있는 부위인 등심이나 안심을 너붓너붓하게 저며 잔 칼집을 내어 간장양념에 재워두었다가 석쇠에 굽는 음식이다.

요구사항

주어진 재료를 사용하여 다음과 같이 너비아니구이를 만드시오.

가. 완성된 너비아니는 0.5cm×4cm×5cm로 하시오.

나. 석쇠를 사용하여 굽고, 6쪽 제출하시오.

다. 잣가루를 고명으로 얹으시오.

지급재료 목록

재료명	규격	수량
소고기	안심 또는 등심(덩어리로)	100g
진간장		50mL
대파	흰 부분(4cm)	1토막
마늘	중(깐 것)	2쪽
검은 후춧가루		2g
흰 설탕		10g
깨소금		5g
참기름		10mL
배	50g	⅛개
식용유		10mL
잣	깐 것	5개

7대 양념(소고기＋표고)
간장 1큰술, 설탕 ½큰술, 다진 파 1작은술, 다진 마늘, ½작은술, 깨소금, 참기름, 후춧가루 적당량, 배즙 1큰술

만드는 방법

❶ 밑준비
- 소고기는 기름과 힘줄을 제거한 후 결 반대방향으로 가로·세로·두께 5cm×6cm×0.4cm 정도로 썰어 칼등으로 앞뒤를 두들겨 연하게 만든다.
- 배는 강판에 갈아서 면포로 배즙을 낸 후 소고기에 고루 뿌려 재워둔다.
- 7대 양념에 남은 배를 넣고, 고기가 고르게 잠기도록 하여 재워둔다.
- 잣가루를 만든다.

❷ 재료 굽기
- 석쇠를 달궈 식용유를 바른 후, 양념장에 재워둔 고기를 얹어 숯불에서 타지 않게 구워낸다. 석쇠로 구울 때에는 파, 마늘의 입자가 크거나 그 양이 너무 많이 들어가면 타기 쉬우므로 주의한다.

❸ 완성하기
- 접시에 구운 너비아니를 살짝 겹치게 담은 후 잣가루를 올려 담아낸다.

Check point

구분	조리기술						작품평가		
항목	재료 손질	고기 두드리기	배즙 만들기	양념장 재우기	석쇠 굽기	맛을 보는 경우	맛	색	그릇 담기
중요도	★	★★	★★	★★	★★	☆	★	★	★

배점표

구분	위생상태			소계	조리기술								작품평가			소계
항목	1	2	3		1	2	3	4	5	6	7	8	9	10	11	
	위생복 착용 개인 위생	정리 정돈 청소	조리 순서 재료 기구 취급		재료 손질	고기 손질 하기	소고기 배즙 채우기	양념장 만들어 재우기	잣가루 만들기	석쇠 달구기	고기 굽기	맛을 보는 경우	맛	색	그릇 담기	
배점	0 2 3	0 2 3	0 2 4	10	0 2 5	0 2 5	0 2 5	0 2 5	0 3	0 2	0 2 5	0 −2	0 3 6	0 2 5	0 2 4	45

시험시간
30분

제육구이

제육구이는 돼지고기를 저며 잔 칼집을 넣고 곱게 다진 파, 마늘, 생강에 고추장을 섞어 만든
양념장으로 재워서 석쇠에 구운 매운맛을 낸 음식이다. 돼지의 누린내를 없애기 위해 파, 마늘,
생강즙, 청주를 양념으로 사용한다.

요구사항

주어진 재료를 사용하여 다음과 같이 제육구이를 만드시오.

가. 완성된 제육은 0.4cm×4cm×5cm로 하시오.

나. 고추장 양념하여 석쇠에 구우시오.

다. 제육구이는 전량 제출하시오.

지급재료 목록

재료명	규격	수량
돼지고기	등심 또는 볼깃살	150g
고추장		40g
진간장		10mL
대파	흰 부분(4cm)	1토막
마늘	중(깐 것)	2쪽
검은 후춧가루		2g
흰 설탕		15g
깨소금		5g
참기름		5mL
생강		10g
식용유		10mL

7대 양념(소고기+표고)

고추장 1큰술, 간장 ¼작은술, 설탕 ½큰술, 다진 파 1작은술,
다진 마늘 ½작은술, 생강즙 ¼작은술, 깨소금, 참기름,
후춧가루 적당량

만드는 방법

❶ 밑준비

- 돼지고기는 4cm×5cm×0.4cm로 얇게 저며 앞뒤로 잔 칼집을 넣어, 오그라들지 않도록 한다.
- 고추장에 간장과 갖은양념을 넣어 고추장 양념장을 만든다.
- 손질한 고기에 만들어 놓은 양념장을 고르게 발라 간이 배도록 한다.

❷ 재료 굽기

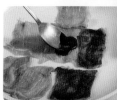

- 석쇠를 달궈 기름을 바른 후 고기를 얹어 타지 않게 충분히 구워낸다.

❸ 완성하기

- 구운 돼지고기를 살짝 겹쳐 접시에 담아낸다.

Check point

구분	조리기술						작품평가		
항목	재료 손질	고기 두드리기	파, 마늘, 생강 다지기	양념장 재우기	석쇠 굽기	맛을 보는 경우	맛	색	그릇 담기
중요도	★	★★	★★	★★	★★	☆	★	★	★

배점표

구분	위생상태				조리기술							작품평가			
항목	1	2	3	소계	1	2	3	4	5	6	7	8	9	10	소계
	위생복 착용 개인 위생	정리 정돈 청소	조리 순서 재료 기구 취급		재료 손질	파, 마늘, 생강 다지기	고기 손질 하기	양념장 만들어 재우기	석쇠 달구기	고기 굽기	맛을 보는 경우	맛	색	그릇 담기	
배점	0 2 3	0 2 3	0 2 4	10	0 2 5	0 2 5	0 2 5	0 2 5	0 2	0 5 10	0 -2	0 3 6	0 2 5	0 2 4	45

🔖 꼭 알아두세요!

■ 제육 손질

- 돼지고기를 구울 때는 소고기처럼 많이 줄어들지 않으므로 잘 감안하여 썬다.
- 고추장 양념이 되직하지 않도록 물로 농도를 조절하고 고추장 양념에 간장을 많이 쓰면 색깔이 검고 어두워지므로 주의한다.
- 불이 세면 겉만 타고 속이 익지 않고 약불로만 너무 오래 익히면 수분이 말라 윤기가 없음에 유의한다.
- 고추장 양념은 불에 잘 타기 때문에 돼지고기가 익기도 전에 겉이 타기 쉽다. 따라서 양념장을 2~3번 덧발라 구우면 윤기가 난다.

생선양념구이

생선양념구이는 생선(조기, 병어)을 토막내지 않고 통째로 손질한 후 칼집을 넣고 유장을 발라 애벌구이한 후 고추장 양념장을 발라 타지 않게 석쇠에 구운 음식이다.

요구사항

주어진 재료를 사용하여 다음과 같이 생선양념구이를 만드시오.

가. 생선은 머리와 꼬리를 포함하여 통째로 사용하고 내장은 아가미 쪽으로 제거하시오.

나. 칼집 넣은 생선은 유장으로 초벌구이 하고, 고추장 양념으로 석쇠에 구우시오.

다. 생선구이는 머리 왼쪽, 배 앞쪽 방향으로 담아내시오.

지급재료 목록

재료명	규격	수량
조기	100~120g	1마리
진간장		20mL
대파	흰 부분(4cm)	1토막
마늘	중(깐 것)	1쪽
고추장		40g
흰 설탕		5g
깨소금		5g
참기름		5mL
소금	정제염	20g
검은 후춧가루		2g
식용유		10mL

양념장
고추장 1큰술, 간장 ¼작은술, 설탕 ½작은술, 다진 파 1작은술, 다진 마늘 ½작은술, 깨소금, 참기름, 후춧가루 적당량

유장
참기름 1작은술, 간장 ⅓작은술

만드는 방법

❶ 밑준비
- 생선은 비늘을 긁고, 지느러미를 손질하여 아가미에 나무젓가락을 넣어 내장을 꺼낸 다음 깨끗이 씻어 생선의 등 쪽에 2cm 간격으로 3번 칼집을 넣어 소금을 뿌려둔다.
- 파, 마늘을 곱게 다지고 고추장에 갖은양념을 섞어 고추장 양념을 만든다.
- 소금에 절인 생선은 물기를 닦은 후, 유장(간장:참기름)을 만들어 골고루 발라 재워둔다.

❷ 생선 굽기
- 석쇠를 달궈 기름을 바르고 유장처리한 생선을 애벌구이한 후 고추장 양념장을 발라 타지 않게 굽는다.

❸ 완성하기
- 완성된 생선구이는 머리가 왼쪽, 배가 앞으로 오도록 담아낸다.

Check point

구분	조리기술						작품평가		
항목	재료 손질	생선 손질	유장 발라 굽기	양념장 만들기	석쇠 굽기	맛을 보는 경우	맛	색	그릇 담기
중요도	★	★★	★★	★★	★★	☆	★	★	★

배점표

구분	위생상태				조리기술								작품평가			
항목	1	2	3	소계	1	2	3	4	5	6	7	8	9	10	11	소계
	위생복 착용 개인 위생	정리 정돈 청소	조리 순서 재료 기구 취급		재료 손질	생선 손질 하기	유장 만들기	양념장 만들기	석쇠 달구기	초벌 구이 하기	양념 발라 생선 굽기	맛을 보는 경우	맛	색	그릇 담기	
배점	0 2 3	0 2 3	0 2 4	10	0 2 5	0 2 5	0 2	0 3	0 2	0 3	0 5 10	0 −2	0 3 6	0 2 5	0 2 4	45

🔖 꼭 알아두세요!

■ 생선 손질
- 생선의 비늘은 칼을 이용하여 꼬리에서 머리 쪽으로 긁어내고 생선의 배가 터지지 않도록 입이나 아가미 쪽으로 나무젓가락을 넣고 돌려서 뒤로 빼내어 내장을 제거한다.
- 생선은 지느러미를 제거하지 않으면 타기 쉬우므로 꼬리부분을 제외한 지느러미를 일직선으로 다듬거나 ∨자 모양으로 잘라낸다. 생선에 칼집을 넣는다. 유장을 바른다.
- 생선은 가장자리와 꼬리가 잘 타므로 특히 유장을 가장자리와 꼬리 쪽에 넉넉히 바른다.
- 생선은 유장처리해서 애벌구이할 때 거의 익히고 고추장 양념장을 바른 뒤에 구울 때는 고추장을 말리는 정도로만 구워낸다.

한식 조림 · 초조리 (두부조림, 홍합초)

1) 조림 · 초

조림은 주로 반상에 오르는 찬품으로 육류, 어패류, 채소류로 만든다. 궁중에서는 조림을 조리개, 조리니라고 하였다. 오래 저장하면서 먹을 것은 간을 약간 세게 한다. 조림요리는 어패류, 우육 등의 간장, 기름 등을 넣어 즙액이 거의 없도록 간간하게 익힌 요리이며, 밥반찬으로 널리 상용되는 것이다. 조림은 약한 불에서, 국물을 끼얹어가며 조린다. 돼지고기 또는 쇠고기를 간장 양념한 짭짤한 장조림 또는 천리찬이라고 해서 옛날 과거 보러 가는 선비들이 괴나리봇짐에 넣고 다녔을 정도로 저장성이 뛰어난 조리법이다.

생선조림을 할 때 다 조려졌는지 아닌지는 재료의 무른 정도를 보고 결정한다. 계속 조려야만 건더기에 간이 배는 것이 아니므로 젓가락으로 찔러봐서 쑥 들어갈 정도일 때 불을 끈다. 불을 끄고 그대로 두면 간이 배어든다.

조림을 할 때 국물을 너무 많이 잡으면 조려지는 데 시간이 걸려 모양이 망가질 수 있으므로 주의한다. 조림은 국물을 끼얹으면서 건더기가 들썩이지 않을 정도의 약한 불에서 서서히 조린다.

초는 볶는 조리의 총칭이다. 초(炒)는 한자로 볶는다는 뜻이 있으나 우리나라의 조리법에서는 조림처럼 끓이다가 국물이 조금 남았을 때 녹말을 풀어 넣어 국물이 걸쭉하여 전체가 고루 윤이 나게 조리는 조리법이다. 초는 대체로 조림보다 간을 약하고 달게 하며 재료로는 홍합과 전복이 가장 많이 쓰인다.

조자호(趙慈鎬)는 초란 "조림과 같은 방법으로 요리하되 조림의 국물에 녹말가루를 풀어 넣고 익혀서 그것이 재료에 엉기도록 한 것이다. 전복초·홍합초 등이 있다."고 하였고, 『조선무쌍신식요리제법(朝鮮無雙新式料理製法)』에서는 "국은 국물이 가장 많고, 지짐이는 국물이 바특하고, 초는 국물이 더 바특하여 찜보다 조금 국물이 있는 것이다."고 설명하였다. 또, 황혜성(黃慧性)은 "초란 생복초(生鰒炒)·홍합초와 같이 싱겁고 달콤하게 조려 국물이 거의 없어지게 하는 요리법이다."라고 하였다.

두부조림

두부조림은 두부의 양면을 기름에 노릇노릇하게 지져서 간장과 설탕으로 윤기 나게 조려 고명을 올린 음식이다. 궁중에서는 조림을 조리개라고 하였다.

요구사항

주어진 재료를 사용하여 다음과 같이 두부조림을 만드시오.

가. 두부는 0.8cm×3cm×4.5cm로 잘라 지져서 사용하시오.

나. 8쪽을 제출하고, 촉촉하게 보이도록 국물을 약간 끼얹어 내시오.

다. 실고추와 파채를 고명으로 얹으시오.

지급재료 목록

재료명	규격	수량
두부		200g
대파	흰 부분(4cm)	1토막
실고추		1g
검은 후춧가루		1g
참기름		5mL
소금	정제염	5g
마늘	중(간 것)	1쪽
식용유		30mL
진간장		15mL
깨소금		5g
흰 설탕		5g

양념장
간장 1큰술, 설탕 ½작은술, 다진 파 1작은술, 다진 마늘 ½작은술, 깨소금, 참기름, 후춧가루 적당량

만드는 방법

❶ 밑준비

- 두부는 3cm×4.5cm×0.8cm의 직사각형 모양으로 일정하게 썬 후 소금을 뿌려둔다.
- 파의 반은 1.5cm로 채썰고, 나머지는 다져서 양념장에 사용한다.
- 간장에 갖은양념과 물을 넣어 양념장을 만든다.
- 두부의 물기를 제거한 후 팬에 기름을 두르고 달궈지면 두부를 앞뒤로 노릇노릇하게 지져낸다.

❷ 두부 조리기

- 냄비에 지진 두부를 넣고 양념장을 부어 골고루 끼얹어 가며 천천히 조린다.
- 두부가 어느 정도 조려지면 파채, 실고추를 올린 후 잠시 뚜껑을 덮어 숨을 죽인 후 담아낸다.

❸ 완성하기

- 완성된 두부를 살짝 겹쳐 담고, 조림국물을 끼얹어 촉촉하게 완성한다.

Check point

구분	조리기술						작품평가		
항목	재료 손질	두부 썰기	두부 굽기	고명 만들기	두부 조리기	맛을 보는 경우	맛	색	그릇 담기
중요도	★	★★	★★	★★	★★	☆	★	★	★

배점표

구분	위생상태			소계	조리기술								작품평가			소계
항목	1	2	3		1	2	3	4	5	6	7	8	9	10	11	
	위생복 착용 개인 위생	정리 정돈 청소	조리 순서 재료 기구 취급		재료 손질 하기	두부 자르기	소금 뿌려 놓기	양념 만들기	두부 지져 내기	조려 내기	고명 만들기	맛을 보는 경우	맛	색	그릇 담기	
배점	0 2 3	0 2 3	0 2 4	10	0 3	0 3 5	0 3	0 2 4	0 2 5	0 3 7	0 2 3	0 −2	0 3 6	0 2 5	0 2 4	45

🔲 꼭 알아두세요!

■ 두부

- 두부에 소금을 뿌린 다음 기름을 넉넉히 두르고 센 불에서 양면을 노릇노릇하게 지진다.
- 뚜껑을 열고 국물을 끼얹어가며 조려야 윤기가 난다.
- 약한 불에서 지지면 물이 생겨 두부가 부서지기 쉬우므로 지질 때 주의한다.
- 파는 마지막에 올려야 푸른색이 살아난다.
- 완성 접시에 담아낼 때 촉촉하게 국물을 끼얹어 낸다.

홍합초

홍합초란 간장과 설탕으로 양념장을 만들어 윤기 나게 조려낸 음식으로, 생홍합은 손질하여 끓는 물에 데치고, 말린 홍합은 물에 충분히 불려서 사용한다. 초(炒)는 한자로 볶는다는 뜻으로 국물이 조금 남았을 때 녹말물을 풀어 넣어 국물이 걸쭉하면서 전체가 고루 윤이 나게 조리는 방법이다.

요구사항

주어진 재료를 사용하여 다음과 같이 홍합초를 만드시오.

가. 마늘과 생강은 편으로, 파는 2cm로 써시오.
나. 홍합은 데쳐서 전량 사용하고, 촉촉하게 보이도록 국물을 끼얹어 제출하시오.
다. 잣가루를 고명으로 얹으시오.

지급재료 목록

재료명	규격	수량
생홍합	굵고 싱싱한 것, 껍질 벗긴 것으로 지급	100g
대파	흰 부분(4cm)	1토막
검은 후춧가루		2g
참기름		5mL
마늘	중(깐 것)	2쪽
진간장		40mL
생강		15g
흰 설탕		10g
잣	깐 것	5개

양념장
간장 1큰술, 물 4큰술, 설탕 ½큰술, 참기름, 후춧가루 적당량

만드는 방법

❶ 밑준비
- 생홍합은 잔털을 제거하고 소금물에 흔들어 씻은 후 끓는 물에 소금을 넣고 살짝 데쳐낸다.
- 마늘과 생강은 0.2cm 두께로 편으로 썰고, 파는 2cm 길이로 썬다.
- 고깔 뗀 잣을 종이 위에 놓고 곱게 다져 잣가루를 만든다.

❷ 홍합 조리기
- 냄비에 간장, 설탕, 물을 넣고 끓으면 마늘편, 생강편, 데쳐낸 홍합을 넣어 중불에서 국물을 끼얹어가며 은근히 조리다 국물이 졸아들면 파를 넣고 마지막으로 후춧가루와 참기름을 넣어 섞어 준다.

❸ 완성하기
- 그릇에 홍합초를 담고 조린 국물을 약간 끼얹은 후 잣가루를 뿌려 낸다.

Check point

구분	조리기술						작품평가		
항목	재료 손질	홍합 손질	마늘, 생강 편썰기	양념장 만들기	잣 다지기	맛을 보는 경우	맛	색	그릇 담기
중요도	★	★★	★★	★★	★★	☆	★	★	★

배점표

구분	위생상태				조리기술								작품평가			
항목	1	2	3	소계	1	2	3	4	5	6	7	9	10	11	12	소계
	위생복 착용 개인 위생	정리 정돈 청소	조리 순서 재료 기구 취급		재료 손질	마늘, 생강 편 썰기	홍합 손질	파 썰기	잣가루 만들기	양념장 만들기	홍합 조리기	맛을 보는 경우	맛	색	그릇 담기	
배점	0 2 3	0 2 3	0 2 4	10	0 3	0 2 4	0 2 4	0 2	0 2	0 2 5	0 5 10	0 -2	0 3 6	0 2 5	0 2 4	45

꼭 알아두세요!

■ 홍합
- 생홍합은 수염을 떼어내고 데쳐서 사용하며, 마른 홍합은 소금물에 충분히 불려 사용한다.
- 마늘, 생강, 대파는 무르지 않게 주의하고, 두꺼운 대파가 나오면 처음부터 넣고 조려야 한다.
- 뚜껑을 열고 국물을 끼얹어가며 은근히 조려야 색깔이 곱고 윤기가 난다. (센 불→중불→센 불)

한식 볶음조리(오징어볶음)

1) 볶음

볶음은 소량의 지방을 이용해 뜨거운 팬에서 음식을 익히는 방법이다. 따라서 팬을 달군 후 소량의 기름을 넣어 높은 온도에서 단기간에 볶아 익혀야 원하는 질감, 색과 향을 얻을 수 있다.

볶음에는 콩을 볶는 것과 같은 건열볶음 이외에 습열볶음이 있는데 습열볶음에는 가리비볶음·간볶음·낙지볶음·송이볶음·우엉볶음·제육볶음 등이 있고, 건열볶음에는 명태볶음·자반볶음·고추장볶음·멸치볶음·새우볶음·조갯살볶음·오징어채볶음·쥐치채볶음 등이 있다.

MEMO

오징어볶음

오징어볶음은 물오징어의 껍질을 벗긴 후, 안쪽에 사선으로 일정하게 잔 칼집을 넣어 채소와
함께 오징어의 담백한 맛과 고추장 양념으로 매콤하게 볶아낸 음식이다.

요구사항

주어진 재료를 사용하여 다음과 같이 오징어볶음을 만드시오.

가. 오징어는 0.3cm 폭으로 어슷하게 칼집을 넣고, 크기는 4cm×1.5cm로 써시오.
　　(단, 오징어 다리는 4cm 길이로 자른다.)

나. 고추, 파는 어슷썰기, 양파는 폭 1cm로 써시오.

지급재료 목록

재료명	규격	수량
물오징어	250g	1마리
소금	정제염	5g
진간장		10mL
흰 설탕		20g
참기름		10mL
깨소금		5g
풋고추	길이 5cm 이상	1개
홍고추(생)		1개
양파	중(150g)	⅓개
마늘	중(간 것)	2쪽
대파	흰 부분(4cm)	1토막
생강		5g
고춧가루		15g
고추장		50g
검은 후춧가루		2g
식용유		30mL

양념장
고추장 2큰술, 고춧가루 2작은술, 간장 1큰술, 설탕 1큰술, 다진 마늘 1작은술, 다진 생강 ¼작은술, 깨소금, 참기름, 후춧가루 적당량

만드는 방법

❶ 밑준비

- 오징어는 껍질을 벗겨 깨끗이 씻은 뒤 몸통 중앙을 길이로 반을 가른다.
- 오징어의 몸통 안쪽에 가로, 세로 0.3cm 간격으로 어슷하게 칼집을 넣어 길이 5cm, 폭이 1.5cm가 되게 썬다. 다리 길이는 4cm로 썬다.
- 마늘과 생강은 곱게 다져 놓는다.
- 대파는 0.5cm 두께, 고추는 0.8cm 두께로 어슷썰기, 양파는 한 장씩 떼어 1cm 너비로 썬다.
- 간장에 고춧가루와 분량의 양념을 넣어 양념장을 만든다.

❷ 오징어 볶기

- 기름 두른 팬에 다진 마늘과 생강을 볶다가 양파, 오징어, 양념장, 고추, 대파의 순서로 볶아준다.

❸ 완성하기

- 마지막에 참기름을 넣고 고루 섞어 그릇에 담아낸다.

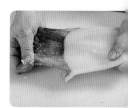

Check point

구분	조리기술						작품평가		
항목	재료 손질	오징어 손질	오징어 칼집	양념장 만들기	오징어 볶기	맛을 보는 경우	맛	색	그릇 담기
중요도	★	★★	★★	★★	★★	☆	★	★	★

배점표

구분	위생상태				조리기술							작품평가			
항목	1	2	3	소계	1	2	3	4	5	6	7	8	9	10	소계
	위생복 착용 개인 위생	정리 정돈 청소	조리 순서 재료 기구 취급		재료 손질	마늘, 생강 다지기	오징어 손질	오징어 썰기	채소 준비 하기	양념장 만들기	맛을 보는 경우	맛	색	그릇 담기	
배점	0 2 3	0 2 3	0 2 4	10	0 3	0 2	0 2	0 3	0 2 5	0 2 5	0 −2	0 3 6	0 2 5	0 2 4	45

꼭 알아두세요!

■ 오징어

- 소금을 손에 묻혀 껍질을 잡아 벗기거나 마른행주를 오징어 껍질에 문질러 벗긴다.
- 오징어 안쪽에 일정한 간격의 사선으로 칼집을 넣고 가로로 잘라야 모양이 일정하며 세로로 썰면 동그랗게 말린다.

한식 전·적조리
(육원전, 표고전, 풋고추전, 생선전, 섭산적, 지짐누름적, 화양적)

1) 전·적

전은 기름을 두르고 지지는 조리법으로 전유어, 전유아, 저냐, 전야 등으로 부르기도 한다. 궁중에서는 전유화(煎油花)라 하였고 제사에 쓰이는 전유어를 간남·간납·갈랍이라고도 한다. 일본에는 경상도 방언인 지짐이 변형된 '치지미(チヂミ)'로 알려져 있다. 전은 반상·면상·교자상·주안상 등에 주로 차려지며, 간장이나 초간장을 곁들여 낸다. 지짐은 빈대떡, 파, 전처럼 재료들을 밀가루 푼 것에 섞어서 기름에 지져내는 음식이다.

제상에 올리는 육적이 가장 원형에 가까운 적의 형태이며, 초기의 적은 굽는 조리법에서 재료를 익혀서 꿰는 조리법으로 재료에 밀가루와 달걀을 씌워서 번철에 지지는 조리법 등으로 분화 발달하였다. 적(炙)은 산적, 누름적, 지짐누름적으로 분류할 수 있는데 산적은 익히지 않은 재료를 꼬치에 꿰어서 굽거나 지진 것, 누름적은 재료를 각각 양념하여 익힌 다음 꼬치에 꿴 것으로 화양적 등이 있다. 지짐누름적은 재료를 꿰어 전을 부치듯이 옷을 입혀서 지진 것이다.

- **산적** – 익히지 않은 재료를 각각 양념하여 꼬챙이에 꿰어 굽는 것
- **누름적** – 재료를 미리 익힌 뒤 꼬챙이에 꿰는 것
- **지짐누름적** – 재료를 꼬챙이에 꿰어 밀가루를 묻히고 달걀을 씌워 전(煎) 부치듯이 번철에 지지는 것으로 '적'이라고도 한다.

▶ 전 지짐할 때의 요령

- 곡류전은 기름을 넉넉히 넣어야 바삭한 느낌을 얻을 수 있다. 채소전은 기름이 많으면 색이 누렇게 되고, 밀가루 또는 달걀이 쉽게 벗겨진다.
- 달걀, 밀가루, 쌀가루, 찹쌀가루를 혼합하여 사용하는 경우는 전의 모양을 형성할 때, 점성을 높일 때, 부드럽게 할 때, 모양이 형성되지 않아 뒤집을 때 어려움을 느끼는 경우에 사용한다.
- 부재료가 부족하면 전이 처지게 된다. 처지는 것을 방지한다고 밀가루 등의 재료로 점성을 높여주면 전이 딱딱해진다.

육원전

육원전은 곱게 다진 고기에 7대 양념을 하여 충분히 치댄 다음 둥글납작하게 완자를 빚어서 밀가루와 달걀물을 입혀 지진 음식이다. 전유어를 궁중에서는 '전유화'라고 하며, 민간에서는 '저냐', '전유아', '전'이라고도 불렀다.

요구사항

주어진 재료를 사용하여 다음과 같이 육원전을 만드시오.

가. 육원전은 지름 4cm, 두께 0.7cm가 되도록 하시오.

나. 달걀은 흰자, 노른자를 혼합하여 사용하시오.

다. 육원전은 6개를 제출하시오.

지급재료 목록

재료명	규격	수량
소고기	살코기	70g
두부		30g
밀가루	중력분	20g
달걀		1개
대파	흰 부분(4cm)	1토막
검은 후춧가루		2g
참기름		5mL
소금	정제염	5g
마늘	중(간 것)	1쪽
식용유		30mL
깨소금		5g
흰 설탕		5g

7대 양념(소고기)

소금 ¼작은술, 설탕 ⅛작은술, 다진 파 ½작은술,
다진 마늘 ¼작은술, 깨소금, 참기름, 후춧가루 적당량

만드는 방법

❶ 밑준비

- 소고기는 기름기를 제거한 후 곱게 다진다.
- 두부는 젖은 면포로 물기를 꼭 짠 후, 도마에서 칼등으로 곱게 으깬다.
- 파와 마늘은 곱게 다진다.

❷ 육원전 부치기

- 다진 소고기와 으깬 두부를 합한 후 7대 양념을 하여 충분히 치댄 후 직경 3.5cm 정도의 둥글고 납작한 완자를 빚어 밀가루, 달걀물을 묻혀 팬에 기름을 두르고 속까지 익힌다.

❸ 완성하기

- 완성한 6개의 육원전을 접시에 담아낸다.

Check point

구분	조리기술						작품평가		
항목	재료 손질	파, 마늘 곱게 다지기	고기, 두부 곱게 다지기	완자 치대기	전 익히기	맛을 보는 경우	맛	색	그릇 담기
중요도	★	★★	★★	★★	★★	☆	★	★	★

배점표

구분	위생상태				조리기술							작품평가			
항목	1	2	3	소계	1	2	3	4	5	6	7	8	9	10	소계
	위생복 착용 개인 위생	정리 정돈 청소	조리 순서 재료 기구 취급		재료 손질	소고기 다지기	두부 으깨기	양념 하기	육원전 만들기	지져 내기	맛을 보는 경우	맛	색	그릇 담기	
배점	0 2 3	0 2 3	0 2 4	10	0 2	0 5	0 4	0 2 5	0 3 6	0 4 8	0 -2	0 3 6	0 2 5	0 2 4	45

표고전

표고전은 작고 도톰하며 갓이 피지 않은 건표고를 물에 불려 기둥을 떼고 두부와 곱게 다진 소고기를 소로 하여 밀가루와 달걀물을 입혀 지져낸 전유어이다.

요구사항

주어진 재료를 사용하여 다음과 같이 표고전을 만드시오.

가. 표고버섯과 속은 각각 양념하여 사용하시오.

나. 표고전은 5개를 제출하시오.

지급재료 목록

재료명	규격	수량
건표고버섯	지름 2.5~4cm (부서지지 않은 것을 불려서 지급)	5개
소고기	살코기	30g
두부		15g
밀가루	중력분	20g
달걀		1개
대파	흰 부분(4cm)	1토막
검은 후춧가루		1g
참기름		5mL
소금	정제염	5g
깨소금		5g
마늘	중(간 것)	1쪽
식용유		20mL
진간장		5mL
흰 설탕		5g

7대 양념(소고기＋두부)
소금 ¼작은술, 설탕 ⅛작은술, 다진 파 ⅓작은술, 다진 마늘 ¼ 작은술, 깨소금, 참기름, 후춧가루 적당량

표고버섯 양념
간장 ¼작은술, 설탕 ⅛작은술, 참기름 적당량

만드는 방법

❶ 밑준비

- 마른 표고버섯은 따뜻한 물에 불려 기둥을 떼어 내고, 물기를 제거하여 간장, 설탕, 참기름으로 양념해 둔다.
- 소고기는 곱게 다지고, 두부는 물기를 꼭 짜서 칼등으로 으깬 후 7대 양념하여 끈기가 생기도록 치대어 소를 만든다.

- 양념한 표고버섯 안쪽에 밀가루를 뿌리고 속을 꼭꼭 채워 편편하게 만든다.

❷ 표고전 부치기

- 소가 들어간 쪽에만 밀가루와 달걀물을 발라 기름 두른 팬에 은근한 불로 고기를 완전히 익히고, 뒤집어 윗면은 살짝만 지져 낸다.

❸ 완성하기

- 완성한 5개의 표고전을 접시에 담아낸다.

Check point

구분	조리기술						작품평가		
항목	재료 손질	달걀 체 내리기	버섯 밑양념	고기, 두부 곱게 다지기	전 익히기	맛을 보는 경우	맛	색	그릇 담기
중요도	★	★★	★★	★★	★★	☆	★	★	★

배점표

구분	위생상태				조리기술								작품평가			
항목	1	2	3	소계	1	2	3	4	5	6	7	8	9	10	11	소계
	위생복 착용 개인 위생	정리 정돈 청소	조리 순서 재료 기구 취급		재료 손질	표고 버섯 밑간 하기	소고기 다지기	두부 으깨기	소 양념 하기	표고속 넣기	지져 내기	맛을 보는 경우	맛	색	그릇 담기	
배점	0 2 3	0 2 3	0 2 4	10	0 2	0 4	0 2 5	0 2	0 3 4	0 3 5	0 4 8	0 −2	0 3 6	0 2 5	0 2 4	45

꼭 알아두세요!

■ 표고버섯

- 건표고는 물에 충분히 불려 기둥을 떼고, 생표고는 끓는 물에 살짝 데쳐 사용한다.
- 물기를 꼭 짜서 양념해야 전을 지질 때 물기가 생기지 않는다.
- 표고 가운데 두꺼운 부분은 칼로 살짝 저며주고, 소를 넣기 전 간장, 설탕, 참기름으로 양념을 따로 해주면 맛있다.
- 소를 넣을 때는 표고 가장자리에 말려 있는 부분까지 펴서 깊숙이 넣어주어야 익혔을 때 소가 따로 떨어지지 않고 모양도 좋다.
- 소를 너무 많이 넣으면 잘 익지 않고 익혔을 때 볼록해져 모양이 나쁘다.
- 표고의 등 쪽에는 밀가루와 달걀물이 묻지 않도록 하여 색을 잘 살리도록 하며 묻었을 때는 키친타월로 깨끗이 닦아낸다.
- 팬에서 지질 때는 온도를 약하게 해야 타지 않고 속까지 완전히 익힐 수 있다.

풋고추전

풋고추전은 연한 풋고추를 반으로 갈라 씨를 제거하고 곱게 다진 고기와 두부의 수분을 제거한 후 갖은양념을 넣어 충분히 치댄 다음 고추에 속을 채워 밀가루와 달걀물을 입혀 지져낸 음식이다. 반상, 면상, 주안상, 교자상 등에 빠지지 않고 오르는 음식이다.

요구사항

주어진 재료를 사용하여 다음과 같이 풋고추전을 만드시오.

가. 풋고추는 5cm 길이로, 소를 넣어 지져 내시오.
나. 풋고추는 잘라 데쳐서 사용하며, 완성된 풋고추전은 8개를 제출하시오.

지급재료 목록

재료명	규격	수량
풋고추	길이 11cm 이상	2개
소고기	살코기	30g
두부		15g
밀가루	중력분	15g
달걀		1개
대파	흰 부분(4cm)	1토막
검은 후춧가루		1g
참기름		5mL
소금	정제염	5g
깨소금		5g
마늘	중(깐 것)	1쪽
식용유		20mL
흰 설탕		5g

7대 양념(소고기+두부)

소금 ⅛작은술, 설탕 ⅟₁₆작은술, 다진 파 ¼작은술,
다진 마늘 ⅛작은술, 깨소금, 참기름, 후춧가루 적당량

만드는 방법

❶ 밑준비

- 풋고추는 반으로 갈라 씨를 제거하고 5cm 길이로 잘라 끓는 물에 소금을 넣고 데쳐내어 찬물에 헹군 뒤 물기를 제거한다.
- 파, 마늘은 곱게 다진다.
- 소고기는 곱게 다지고, 두부는 물기를 꼭 짜 칼 등으로 곱게 으깨어 7대 양념을 하여 충분히 치대어 소를 만든다.
- 고추 안쪽에 밀가루를 뿌린 후 나머지는 털어내고 소를 편편하게 채운다.

❷ 풋고추전 부치기

- 속을 채워 넣은 쪽에만 밀가루를 묻힌 후 나머지는 털어내고 달걀옷을 입혀 팬에 기름을 두르고 고기가 완전히 익도록 지지고 한번 정도 살짝 뒤집었다 꺼낸다.

❸ 완성하기

- 지져낸 풋고추의 끝부분이 겹쳐지도록 담아낸다.

Check point

구분	조리기술						작품평가		
항목	재료 손질	달걀 체 내리기	풋고추 데치기	두부, 고기 곱게 다지기	전 익히기	맛을 보는 경우	맛	색	그릇 담기
중요도	★	★★	★★	★★	★★	☆	★	★	★

배점표

구분	위생상태				조리기술								작품평가			
항목	1	2	3	소계	1	2	3	4	5	6	7	8	9	10	11	소계
	위생복 착용 개인 위생	정리 정돈 청소	조리 순서 재료 기구 취급		재료 손질	풋고추 썰어 데치기	소고기 다지기	두부 으깨기	소 양념 하기	풋고추 속 넣기	지져 내기	맛을 보는 경우	맛	색	그릇 담기	
배점	0 2 3	0 2 3	0 2 4	10	0 2	0 4	0 2 5	0 2	0 3 4	0 3 5	0 4 8	0 -2	0 3 6	0 2 5	0 2 4	45

> ### 꼭 알아두세요!

■ 풋고추
- 소를 넣을 때는 풋고추전이 익으면서 배가 볼록해질 정도로 많이 넣지 말고 소와 풋고추가 잘 밀착되도록 넣는다.
- 풋고추전을 팬에서 지질 때는 온도를 약하게 해야 타지 않고 속까지 완전히 익는다.
- 풋고추의 등 쪽(파란 부분)은 누렇게 변색되지 않도록 불을 끄고 잠시 지졌다가 바로 뒤집어야 색이 곱다.

생선전

생선전은 주로 지방이 적은 흰살생선(동태, 대구, 광어, 민어, 가자미)을 포를 떠서 밀가루와 달
걀물을 입혀 지져 낸 음식으로 생선살이 부서지지 않게 넓게 포를 떠야 모양이 깨끗하다. 『음식
디미방』에서는 어패류에 밀가루만을 묻혀서 기름에 지진 것을 '어전'이라 기록하였다.

요구사항

주어진 재료를 사용하여 다음과 같이 생선전을 만드시오.

가. 생선은 3장 뜨기 하여 껍질을 벗겨 포를 뜨시오.
나. 생선전은 0.5cm×5cm×4cm로 만드시오.
다. 달걀은 흰자, 노른자를 혼합하여 사용하시오.
라. 생선전은 8개 제출하시오.

지급재료 목록

재료명	규격	수량
동태	400g	1마리
밀가루	중력분	30g
달걀		1개
소금	정제염	10g
흰 후춧가루		2g
식용유		50mL
초간장		
간장 1작은술, 식초 1작은술, 물 1작은술		

만드는 방법

❶ 밑준비

- 동태는 비늘을 벗기고 지느러미, 내장을 제거한 후 깨끗이 씻어 물기를 닦아 3장 뜨기 한다.
- 생선의 껍질 쪽을 밑으로 가도록 하고 꼬리 쪽에 칼집을 넣어 생선살을 조금 떠서 껍질을 왼손에 잡고 칼을 서서히 좌우로 흔들어가며 앞으로 밀면서 껍질을 벗겨낸다.

- 껍질을 벗긴 생선살은 4cm×5cm×0.5cm로 어슷하게 포를 떠서 물기를 제거한 후 소금, 흰 후춧가루를 뿌려 밑간을 해둔다.

❷ 생선전 부치기

- 밀가루, 달걀물을 입혀 지져낸다.

❸ 완성하기

- 완성한 8개의 생선전을 접시에 담아낸다.

Check point

구분	조리기술						작품평가		
항목	재료 손질	달걀 체 내리기	생선포 뜨기	생선 밑양념	전 익히기	맛을 보는 경우	맛	색	그릇 담기
중요도	★	★★	★★	★★	★★	☆	★	★	★

배점표

구분	위생상태				조리기술							작품평가			
항목	1	2	3	소계	1	2	3	4	5	6	7	8	9	10	소계
	위생복 착용 개인 위생	정리 정돈 청소	조리 순서 재료 기구 취급		재료 손질	껍질 벗기기	포 뜨기	소금, 후추 뿌림	달걀 밀가루 입힘	지져 내기	맛을 보는 경우	맛	색	그릇 담기	
배점	0 2 3	0 2 3	0 2 4	10	0 3 5	0 4	0 5 10	0 2	0 3	0 2 6	0 −2	0 3 6	0 2 5	0 2 4	45

꼭 알아두세요!

■ 생선
- 물기를 제거하지 않으면 포 뜰 때 생선살이 부서지기 쉬우므로 물기를 제거하고 포를 뜬다.
- 생선에 밀가루를 골고루 얇게 묻히고 달걀옷을 입혀 깨끗하게 지져낸다.
- 전의 색을 노랗게 하려면 달걀흰자를 줄이고 노른자를 많이 사용한다.
- 약불에서 앞뒤로 뒤집어가며 모양을 잡아야 반듯하다.
- 생선은 안쪽을 먼저 지져야 모양이 반듯하다.

섭산적

섭산적은 기름기 없는 소고기와 두부를 곱게 다져 양념한 뒤 오래 치대어 얇고 넓적하게 반대기를 만들어 석쇠에 구운 것으로 산적의 한 종류이다. 식은 후 먹기 좋게 한입 크기로 잘라 잣가루를 뿌려 완성한다. 장산적은 섭산적을 간장에 조린 것을 말한다.

요구사항

주어진 재료를 사용하여 다음과 같이 섭산적을 만드시오.

가. 고기와 두부의 비율을 3 : 1로 하시오.
나. 다져서 양념한 소고기는 크게 반대기를 지어 석쇠에 구우시오.
다. 완성된 섭산적은 0.7cm×2cm×2cm로 9개 이상 제출하시오.
라. 잣가루를 고명으로 얹으시오.

지급재료 목록

재료명	규격	수량
소고기	살코기	80g
두부		30g
대파	흰 부분(4cm)	1토막
마늘	중(간 것)	1쪽
소금	정제염	5g
흰 설탕		10g
깨소금		5g
참기름		5mL
검은 후춧가루		2g
잣	간 것	10개
식용유		30mL
7대 양념		
소금 ½작은술, 설탕 1작은술, 다진 파 1작은술, 다진 마늘 ½작은술, 깨소금, 참기름, 후춧가루 적당량		

만드는 방법

❶ 밑준비

- 소고기는 기름기를 제거하여 곱게 다지고, 두부는 면포에 짠 후 곱게 으깨어 고기와 두부의 비율이 3:1이 되게 고루 섞어 분량의 갖은양념을 넣고 끈기가 생기도록 치대준다.
- 도마에 기름을 조금 바른 후 양념한 고기를 놓고 두께가 0.6cm 정도로 네모지게 반대기를 짓고 가로, 세로로 잔 칼집을 곱게 넣는다.
- 잣은 고깔을 뗀 후 종이 위에서 칼로 곱게 다져 기름기를 제거한다.

❷ 석쇠에 굽기

- 석쇠에 기름을 바르고 달군 후 고기를 타지 않게 굽는다.

❸ 완성하기

- 구운 섭산적을 식힌 후 2cm×2cm 크기로 썰어 접시에 담고, 잣가루를 뿌려 담아낸다.

Check point

구분	조리기술						작품평가		
항목	재료 손질	고기 핏물, 기름기 제거	파, 마늘 곱게 다지기	고기, 두부 오래 치대기	석쇠 굽기	맛을 보는 경우	맛	색	그릇 담기
중요도	★	★★	★★	★★	★★	☆	★	★	★

배점표

구분	위생상태				조리기술								작품평가			
항목	1	2	3	소계	1	2	3	4	5	6	7	8	9	10	11	소계
	위생복 착용 개인 위생	정리 정돈 청소	조리 순서 재료 기구 취급		재료 손질	소고기 다지기	두부 으깨기	양념 하기	반대기 만들기	석쇠 달구기	고기 굽기	맛을 보는 경우	맛	색	그릇 담기	
배점	0 2 3	0 2 3	0 2 4	10	0 2 5	0 2 5	0 2 5	0 2 5	0 3	0 2	0 2 5	0 −2	0 3 6	0 2 5	0 2 4	45

■ 반대기 빚기

- 소고기와 두부의 양은 3:1 이 적당하다.
- 소고기, 두부, 파, 마늘은 곱게 다지고 나머지 양념을 한 후 끈기가 생기도록 오래 치대야 구웠을 때 울퉁불퉁하지 않고 표면이 갈라지지 않는다.
- 반대기 위에 가로, 세로로 잔 칼집을 넣어야 모양이 덜 오그라든다.
- 석쇠는 식용유를 발라 뜨겁게 달군 후 약한 불에서 구우면 들러붙지 않는다.
- 구워낸 섭산적은 완전히 식은 뒤에 썰어야 썬 단면이 깔끔하다.

지짐누름적

지짐누름적은 소고기, 표고, 당근, 도라지, 실파 등을 익혀 색을 맞춰 꼬챙이에 꽂은 다음 밀가루와 달걀물을 씌워 지져 눌러가며 익힌 음식으로 완성한 뒤에는 칼로 크기를 정리하지 않으며 그릇에 담을 때는 꼬치를 뺀다.

요구사항

주어진 재료를 사용하여 다음과 같이 지짐누름적을 만드시오.

가. 각 재료는 0.6cm×1cm×6cm로 하시오.
나. 누름적의 수량은 2개를 제출하고, 꼬치는 빼서 제출하시오.

지급재료 목록

재료명	규격	수량
소고기	살코기(길이 7cm)	50g
건표고버섯	지름 5cm, 물에 불린 것 (부서지지 않은 것)	1개
당근	길이 7cm, 곧은 것	50g
쪽파	중	2뿌리
통도라지	껍질 있는 것, 길이 20cm	1개
밀가루	중력분	20g
달걀		1개
참기름		5mL
산적꼬치	길이 8~9cm	2개
식용유		30mL
소금	정제염	5g
진간장		10mL
흰 설탕		5g
대파	흰 부분(4cm)	1토막
마늘	중(깐 것)	1쪽
검은 후춧가루		2g
깨소금		5g

7대 양념(소고기＋표고)
간장 1큰술, 설탕 ½큰술, 다진 파 1작은술,
다진 마늘 ½작은술, 깨소금, 참기름, 후춧가루 적당량

만드는 방법

❶ 밑준비
- 소고기, 표고버섯은 0.4cm×1cm×7cm로 잘라 앞뒤로 두드려 간장양념한다.
- 실파는 6cm 길이로 잘라 참기름에 무쳐 놓는다.
- 통도라지와 당근은 0.5cm×1cm×6cm로 썰어 끓는 물에 소금을 넣고 데쳐 물기를 제거한 후 소금, 참기름으로 무쳐둔다.
- 뜨거운 팬에 기름을 두르고 도라지, 당근, 표고버섯, 소고기 순으로 각각 볶아낸다.

❷ 꼬치에 끼우기
- 산적꼬치에 준비한 재료를 색을 맞추어 끼운 후 위와 아래를 다듬어준다.
- 꼬치에 밀가루를 앞뒤로 고루 묻힌 후 달걀물을 씌워 팬에 기름을 두르고 지져낸다.

❸ 완성하기
- 식으면 산적꼬치를 빼낸 후 접시에 담아낸다.

Check point

구분	조리기술						작품평가		
항목	재료 손질	당근, 도라지 데쳐 볶기	고기 썰어 두드리기	꼬치 끼우기	적 익히기	맛을 보는 경우	맛	색	그릇 담기
중요도	★	★★	★★	★★	★★	☆	★	★	★

배점표

구분	위생상태				조리기술						작품평가			
항목	1	2	3	소계	1	2	3	4	5	6	7	8	9	소계
	위생복 착용 개인 위생	정리 정돈 청소	조리 순서 재료 기구 취급		재료 손질	파, 마늘 다지기	콩나물 손질 하기	소고기 썰어 양념 하기	밥 짓기	맛을 보는 경우	맛	색	그릇 담기	
배점	0 2 3	0 2 3	0 2 4	10	0 2 5	0 2 5	0 2 5	0 2 5	0 5 10	0 −2	0 3 6	0 2 5	0 2 4	45

🔖 꼭 알아두세요!

■ 재료의 특징
- 굵기가 고른 실파를 선택하여 참기름에 버무렸다가 흰 뿌리와 푸른 부분 2~3개 정도를 함께 끼워 익혀야 다른 재료의 굵기와 알맞다.
- 산적용 고기는 자근자근 두들겨 칼집을 내야 반듯하며 줄어들지 않는다.
- 밀가루와 달걀물이 너무 많이 묻으면 각 재료의 화려한 색이 가려진다.

- 앞면은 밀가루와 달걀물을 살짝 묻혀 옷을 얇게 입히고 반대로 뒷면은 옷을 두껍게 입혀서 지져낸 후에 꼬치를 빼도 재료들이 서로 붙어 있게 한다.
- 색상을 살리기 위해 밑면을 먼저 지진 뒤에 뒤집어서 윗면을 살짝 익히기도 한다.
- 지짐누름적은 각 재료들을 꼬치에 꽂은 후 가장자리를 다듬고 밀가루, 달걀물을 입혀 지져낸 후에는 다듬지 않으며 식은 후에 꼬치를 빼야 흐트러지지 않는다.

화양적

화양적은 소고기, 오이, 당근, 표고, 도라지 등의 채소를 익혀서 색을 맞춰 꼬치에 꽂아 만든 화려하고 아름다운 적으로 음식의 웃기로도 쓰인다. 적은 크게 산적과 누름적, 지짐누름적으로 나눠지는데 산적은 익히지 않은 재료를 양념하여 꼬치에 꽂아 직접 불에 굽거나 기름에 지지는 요리이며, 누름적은 양념한 재료를 익혀서 꼬치에 꽂고, 지짐누름적은 누름적에 밀가루와 달걀물을 입혀서 지지는 음식이다.

요구사항

주어진 재료를 사용하여 다음과 같이 화양적을 만드시오.

가. 화양적은 0.6cm×6cm×6cm로 만드시오.
나. 달걀노른자로 지단을 만들어 사용하시오.
　　(단, 달걀흰자 지단을 사용하는 경우 실격 처리)
다. 화양적은 2꼬치를 만들고 잣가루를 고명으로 얹으시오.

지급재료 목록

재료명	규격	수량
소고기	살코기(길이 7cm)	50g
건표고버섯	지름 5cm 정도, 물에 불린 것 (부서지지 않은 것)	1개
당근	곧은 것, 길이 7cm	50g
오이	가늘고 곧은 것, 길이 20cm	½개
통도라지	껍질 있는 것, 길이 20cm	1개
산적꼬치	길이 8~9cm	2개
진간장		5mL
대파	흰 부분(4cm)	1토막
마늘	중(깐 것)	1쪽
소금	정제염	5g
흰 설탕		5g
깨소금		5g
참기름		5mL
검은 후춧가루		2g
잣	깐 것	10개
달걀		2개
식용유		30mL

7대 양념(소고기+표고)

간장 ½큰술, 설탕 1작은술, 다진 파 ½작은술,
다진 마늘 ¼작은술, 깨소금, 참기름, 후춧가루 적당량

만드는 방법

❶ 밑준비

- 소고기, 버섯은 폭 1cm, 두께 0.5cm, 길이 7cm 가 되게 썰어 앞뒤로 자근자근 두드려 7대 양념 한다.
- 당근과 통도라지는 폭 1cm, 두께 0.6cm, 길이가 6cm 되게 썰어 소금물에 데쳐낸다.
- 오이는 6cm 길이로 썰어 3단 뜨기 하여 소금에 절인 다음 수분을 닦아낸다.
- 달걀은 노른자만 분리하여 길이 6cm, 두께 0.6cm, 폭 1cm가 되도록 부쳐낸다.
- 달궈진 팬에 기름을 두르고 도라지, 오이, 당근, 표고버섯, 고기 순으로 볶아낸다.
- 잣은 고깔을 떼고 종이를 깐 뒤 곱게 다져 잣가 루를 만든다.

❷ 꼬치에 끼우기

- 산적꼬치에 재료를 색 맞추어 끼우고 꼬치 양쪽 을 1cm 정도 남기고 자른다.

❸ 완성하기

- 그릇에 완성된 화양적을 담고 잣가루를 뿌려 낸다.

Check point

구분	조리기술						작품평가		
항목	재료 손질	재료 썰기	재료 볶기	잣 다지기	적 익히기	맛을 보는 경우	맛	색	그릇 담기
중요도	★	★★	★★	★★	★★	☆	★	★	★

배점표

구분	위생상태				조리기술									작품평가			
항목	1	2	3	소계	1	2	3	4	5	6	7	8	9	10	11	12	소계
	위생복 착용 개인 위생	정리 정돈 청소	조리 순서 재료 기구 취급		재료 손질	소고기 썰어 양념 하기	표고 썰어 양념 하기	도라지 준비 하기	당근, 오이 썰기	재료 볶기	잣 가루 만들기	꼬치 끼우 기	맛을 보는 경우	맛	색	그릇 담기	
배점	0 2 3	0 2 3	0 2 4	10	0 2	0 2 5	0 2 5	0 5	0 3	0 3	0 2	0 2 5	0 -2	0 3 6	0 2 5	0 2 4	45

꼭 알아두세요!

- 통도라지가 굵을 경우 반으로 갈라 다듬어 사용한다.
- 당근은 꼬치에 꽂을 때 잘 부러지므로 여유 있게 성형하도록 한다.
- 고기는 익으면서 많이 줄어들므로 여유 있게 자르고 칼집을 넣어주면 익을 때 덜 오그라든다.
- 당근이나 도라지는 볶는 과정을 거쳐야 하므로 너무 오래 데치지 않도록 한다.
- 꼬치에 식용유를 바른 후, 산적꼬치의 양끝이 1cm 정도 남도록 완성한다.

한식 숙채조리 (칠절판, 탕평채, 잡채)

1) 숙채

우리나라는 시기와 절기에 맞추어 적합한 나물요리를 해먹는 대표적인 나라가 되었다. 역사적으로 볼 때 숭불사상으로 인한 육식의 금기가 상대적으로 나물류의 이용을 크게 증대시켰으며 조선 후기의 잦은 기근이 산과 들에 나는 많은 나물들을 식품으로 이용하는 데 큰 영향을 미쳤다.

나물은 생채와 숙채의 총칭이지만 대개 숙채를 말한다. 물에 데치거나 기름에 볶아 익혀서 만드는 채소 요리로 나물이라고도 한다. 숙채는 대부분의 채소를 재료로 쓰며 푸른 잎채소들은 끓는 물에 데쳐서 갖은양념으로 무치고, 고사리·고비·도라지는 삶아서 양념하여 볶는다. 말린 채소류는 불렸다가 삶아 볶는다. 나물의 재료로는 산과 들에서 나는 모든 채소와 버섯, 나무의 새순 등이 쓰이며, 겨울이나 이른 봄을 위해 나물을 말려두었다 사용하였는데 이것을 진채식(陳菜食)이라 하여 정월대보름에 절식으로 먹었다. 정월대보름에 말린 나물 즉 호박고지·박고지·가지오가리·말린 버섯·고사리·고비·시래기·무·취 등의 아홉 가지 묵은 나물을 먹으면 여름에 더위를 먹지 않는다는 이야기가 전해지고 있다.

또한 묵에 채소와 쇠고기 등을 넣어 무친 청포묵무침인 탕평채와, 여러 재료를 볶아서 섞은 잡채, 죽순채, 구절판 등도 숙채에 속한다.

깨소금 대신에 실백가루를 사용하기도 하며 빛깔을 깨끗이 하기 위해서는 간장 대신 소금을 사용해 무친다.

MEMO

칠절판

칠절판은 소고기, 오이, 당근, 석이버섯, 황·백지단의 여섯 가지 재료를 곱게 채썰어 볶아낸 후 색 맞춰 예쁘게 돌려 담고 가운데 밀전병을 놓아 싸서 먹는 음식이다. 맛이 담백하고 모양이 화려하여 교자상이나 주안상차림에 어울린다. 근래에는 밀전병 대신 무초절임을 이용한 칠절판이나 구절판도 손님상에 자주 오른다.

요구사항

주어진 재료를 사용하여 다음과 같이 칠절판을 만드시오.

가. 밀전병은 지름이 8cm가 되도록 6개를 만드시오.
나. 채소와 황·백지단, 소고기는 0.2cm×0.2cm×5cm로 써시오.
다. 석이버섯은 곱게 채를 써시오.

지급재료 목록

재료명	규격	수량
소고기	살코기, 길이 6cm	50g
오이	가늘고 곧은 것, 길이 20cm	⅓개
당근	곧은 것, 길이 7cm	50g
달걀		1개
석이버섯	부서지지 않은 것(마른 것)	5g
밀가루	중력분	50g
진간장		20mL
마늘	중(깐 것)	2쪽
대파	흰 부분(4cm)	1토막
검은 후춧가루		1g
참기름		10mL
흰 설탕		10g
깨소금		5g
식용유		30mL
소금	정제염	10g

7대 양념(소고기＋두부)

간장 ½큰술, 설탕 1작은술, 다진 파 1작은술,
다진 마늘 ½작은술, 깨소금, 참기름, 후춧가루 적당량

밀전병

밀가루 5큰술, 물 5큰술, 소금 적당량

만드는 방법

❶ 밑준비

- 겨잣가루를 동량의 따뜻한 물로 개어서 발효시킨 후 겨자즙을 만든다.
- 소고기는 0.2cm×0.2cm×5cm 크기로 채썬 후 갖은양념을 한다.
- 오이는 5cm 길이로 돌려깎기하여 0.2cm×0.2cm로 채썰고, 당근도 채썬다.
- 황·백으로 분리하여 지단을 부쳐둔다.
- 밀가루에 물과 소금을 넣어 멍울이 없도록 풀어준 후 체에 내려둔다.
- 석이버섯은 돌돌 말아 곱게 채썰어 참기름, 소금으로 조미한다.

❷ 재료 볶기

- 팬에 기름을 두른 후 직경 6cm 크기로 밀전병을 부친다.
- 지단은 0.2cm×0.2cm×5cm로 곱게 채썬다.
- 오이, 당근, 석이버섯, 소고기 순서로 볶아낸다.

❸ 완성하기

- 접시에 볶아낸 재료들을 색스럽게 돌려 담은 후 중앙에 밀전병을 담고, 겨자즙을 곁들인다.

Check point

구분	조리기술						작품평가		
항목	재료 손질	재료 채썰기	석이버섯 채썰기	밀전병 부치기	지단 부치기	맛을 보는 경우	맛	색	그릇 담기
중요도	★	★★	★★	★★	★★	☆	★	★	★

배점표

구분	위생상태				조리기술								작품평가			
항목	1	2	3	소계	1	2	3	4	5	6	7	8	9	10	11	소계
	위생복 착용 개인 위생	정리 정돈 청소	조리 순서 재료 기구 취급		재료 손질	전병 부치기	고기 양념 볶기	석이 손질 볶기	오이 손질 볶기	당근 손질 볶기	지단 채썰기	맛을 보는 경우	맛	색	그릇 담기	
배점	0 2 3	0 2 3	0 2 4	10	0 2 5	0 2 5	0 2 5	0 3	0 3	0 2	0 2 5	0 −2	0 3 6	0 2 5	0 2 4	45

꼭 알아두세요!

■ 밀전병

- 밀가루:물(1:1.5), 소금을 약간 섞어 체에 내려주면 반죽이 매끄러워 부치기 쉽다.
- 밀전병 반죽은 ⅓큰술 정도가 완성된 밀전병 1장 분량이다.
- 프라이팬에 기름을 적게 하여 약한 불에서 키친타월로 닦아내며 부친다.

탕평채

탕평채는 녹두녹말로 만든 청포묵에 소고기, 숙주, 미나리 등을 초간장으로 버무린 새콤달콤한 숙채음식이다. 김과 황 · 백지단을 고명으로 얹어낸다.

요구사항

주어진 재료를 사용하여 다음과 같이 탕평채를 만드시오.

가. 청포묵은 0.4cm×0.4cm×6cm로 썰어 데쳐서 사용하시오.
나. 모든 부재료의 길이는 4~5cm로 써시오.
다. 소고기, 미나리, 거두절미한 숙주는 각각 조리하여 청포묵과 함께 초간장으로 무쳐 담아내시오.
라. 황 · 백지단은 4cm 길이로 채썰고, 김은 구워 부숴서 고명으로 얹으시오.

지급재료 목록

재료명	규격	수량
청포묵	중(길이 6cm)	150g
소고기	살코기. 길이 5cm	20g
숙주	생 것	20g
미나리	줄기 부분	10g
달걀		1개
김		¼장
진간장		20mL
마늘	중(깐 것)	2쪽
대파	흰 부분(4cm)	1토막
검은 후춧가루		1g
참기름		5mL
흰 설탕		5g
깨소금		5g
식초		5mL
소금	정제염	5g
식용유		10mL

7대 양념(소고기)
간장 1작은술, 설탕 ½작은술, 다진 파 ½작은술,
다진 마늘 ¼작은술, 깨소금, 참기름, 후춧가루 적당량

초간장
간장 1큰술, 식초 1 큰술, 설탕 ½작은술

만드는 방법

❶ 밑준비
- 청포묵은 0.4cm×0.4cm×7cm의 굵기로 채썬 후 끓는 물에 데쳐 식힌 다음 소금, 참기름으로 양념한다.
- 숙주는 머리와 꼬리를 떼어내고, 미나리는 줄기만 다듬어 4cm 길이로 썰어 데쳐낸다.
- 소고기도 0.3cm×0.3cm×5cm로 채썬 후 갖은 양념하여 볶아낸다.
- 달걀은 황·백으로 나누어 지단을 부친 뒤 4cm 길이로 채썰고, 김은 살짝 구워 부순다.
- 간장, 식초, 설탕을 넣고 잘 섞어 초간장을 만든다.

❷ 재료 무치기
- 청포묵, 숙주, 미나리, 볶은 소고기에 초간장을 넣어 버무려 놓는다.

❸ 완성하기
- 구운 김과 지단채를 고명으로 얹어 담아낸다.

Check point

구분	조리기술						작품평가		
항목	재료 손질	청포묵 데치기	미나리, 숙주 데치기	지단 부치기	초간장 무치기	맛을 보는 경우	맛	색	그릇 담기
중요도	★	★★	★★	★★	★★	☆	★	★	★

배점표

구분	위생상태				조리기술								작품평가			
항목	1	2	3	소계	1	2	3	4	5	6	7	8	9	10	11	소계
	위생복 착용 개인 위생	정리 정돈 청소	조리 순서 재료 기구 취급		재료 손질	숙주 나물 손질	청포묵 썰기	고기 양념	채소 데치기	지단 만들기	초 간장 무치기	맛을 보는 경우	맛	색	그릇 담기	
배점	0 2 3	0 2 3	0 2 4	10	0 3	0 2	0 2 5	0 2 5	0 2 5	0 2 5	0 2 5	0 −2	0 3 6	0 2 5	0 2 4	45

🔲 꼭 알아두세요!

■ **청포묵 손질하기**
- 청포묵, 숙주, 미나리를 데쳐서 소금, 참기름, 양념으로 밑간해 두면, 초간장으로 무칠 때 물기가 덜 생기고 간도 잘 맞으며 색도 빨리 변하지 않는다.

잡채

잡채는 여러 가지 채소를 일정하게 썰어 소고기, 당면을 각각 재빨리 볶아 한데 섞어 황·백지단을 고명으로 얹은 화려한 음식으로 잔치에 빠지지 않는다. 여기서 「잡(雜)」은 '섞다, 모으다, 많다'의 의미이며 「채(菜)」는 '채소'의 의미로 여러 종류를 섞은 음식이란 뜻이다.

요구사항

주어진 재료를 사용하여 다음과 같이 잡채를 만드시오.

가. 소고기, 양파, 오이, 당근, 도라지, 표고버섯은 0.3cm×0.3cm×6cm로 썰어 사용하시오.

나. 숙주는 데치고 목이버섯은 찢어서 사용하시오.

다. 당면은 삶아서 유장처리하여 볶으시오.

라. 황·백지단은 0.2cm×0.2cm×4cm로 썰어 고명으로 얹으시오.

지급재료 목록

재료명	규격	수량
당면		20g
소고기	살코기, 길이 7cm	30g
건표고버섯	지름 5cm, 물에 불린 것 (부서지지 않은 것)	1개
건목이버섯	지름 5cm, 물에 불린 것	2개
양파	중(150g)	⅓개
오이	가늘고 곧은 것, 길이 20cm	⅓개
당근	곧은 것, 길이 7cm	50g
통도라지	껍질 있는 것, 길이 20cm	1개
숙주	생 것	20g
흰 설탕		10g
대파	흰 부분(4cm)	1도막
마늘	중(깐 것)	2쪽
진간장		20mL
식용유		50mL
깨소금		5g
검은 후춧가루		1g
참기름		5mL
소금	정제염	15g
달걀		1개

7대 양념(소고기)

간장 1작은술, 설탕 ½작은술, 다진 파 ½작은술,
다진 마늘 ¼작은술, 깨소금, 참기름, 후춧가루 적당량

당면 양념장

간장 2작은술, 설탕 1작은술, 참기름 1작은술

만드는 방법

❶ 밑준비

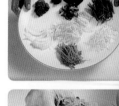

- 오이는 6cm 길이로 돌려깎아 0.3cm×0.3cm×6cm로 채썰어 소금에 절였다가 물기를 꼭 짠다.
- 도라지는 오이와 같은 크기로 찢어 소금에 절여 주물러 씻은 뒤 물기를 꼭 짠다.
- 양파, 당근도 같은 크기로 채썰어 소금을 뿌려둔다. 숙주는 머리와 꼬리를 떼어내고 끓는 물에 데쳐낸 후 소금과 참기름으로 양념한다.
- 소고기와 표고버섯도 0.3cm×0.3cm×6cm로 채썰어 갖은양념하고, 목이버섯은 적당한 크기로 찢는다.
- 달걀은 황·백으로 나누어 소금을 조금 넣고 지단을 부쳐 0.2cm×0.2cm×6cm로 썬다.

❷ 재료 볶기

- 팬에 기름을 두르고 오이, 도라지, 양파, 당근, 목이버섯, 표고버섯, 소고기 순으로 볶는다.
- 당면은 삶아 찬물에 헹구어 건져 적당한 길이로 잘라 간장, 설탕, 참기름으로 볶는다.

❸ 완성하기

- 당면에 볶아둔 재료를 섞어 담고 고명으로 준비한 황·백지단채를 가지런히 얹어낸다.

Check point

구분	조리기술						작품평가		
항목	재료 손질	재료 썰기	숙주 거두절미	고기 썰어 양념	당면 삶아 볶기	맛을 보는 경우	맛	색	그릇 담기
중요도	★	★★	★★	★★	★★	☆	★	★	★

배점표

구분	위생상태				조리기술										작품평가			
항목	1	2	3	소계	1	2	3	4	5	6	7	8	9	10	11	12	13	소계
	위생복 착용 개인 위생	정리 정돈 청소	조리 순서 재료 기구 취급		재료 손질	오이 썰기	표고 버섯 썰기	목이 버섯 찢기	당면 삶기	고기, 버섯 채소 볶기	당면 유장 볶기	잡채 무치기	지단 만들기	맛을 보는 경우	맛	색	그릇 담기	
배점	023	023	024	10	03	02	03	02	024	03	024	03	02	−2	036	025	024	45

> #### 꼭 알아두세요!
>
> ■ **당면**
> - 당면은 일반 국수보다 익는 시간이 더 오래 걸린다.
> - 양념이 묻어나지 않는 순서(지단→도라지→양파→오이→당근→목이→표고→소고기→당면)로 볶는다.

한식 생채조리
(무생채, 도라지생채, 더덕생채, 겨자채)

1) 생채

생채는 상고시대에 유목민들이 허기진 배를 채우기 위해 생식하던 자연식품이 농경시대로 접어들면서 부식 역할을 하게 되었다. 생으로 먹거나 굵은소금에 찍어 먹던 시대가 변하면서 다양한 조리법을 이용한 갖은양념을 사용하게 되었다. 생채는 계절마다 새로 나오는 싱싱한 채소를 익히지 않고 초장·초고추장·겨자장 등으로 무쳐 달고 새콤하고 산뜻한 맛이 나도록 조리한 것이다. 무, 배추, 상추, 오이, 미나리, 더덕, 산나물 등 날로 먹을 수 있는 모든 채소와 해파리, 미역, 파래, 톳 등의 해초류나 오징어, 조개, 새우 등을 데쳐 넣기도 한다. 각종 생채 외에 겨자채, 잣즙냉채, 호두냉채 등이 있다.

『증보산림경제』에 보면 특히 갓류·넘나물[黃花菜]·두릅·구기의 어린 순·죽순·감국화 같은 향신채(香辛菜)가 많이 쓰였음을 알 수 있으며, 『향약구급방』에는 고려시대의 토착어로 '부루', 한자로는 '와거'라고 불렸던 상추가 생채음식으로 만들어졌다는 기록이 있다. 조선왕조의 궁중에서는 강한 향신료를 쓰지 않고 간장으로 담백한 맛을 내었다.

MEMO

무생채

무생채는 무의 결을 꺾지 말고 결 방향으로 채썰어 고춧가루로 물들인 후 새콤달콤하게 무쳐내는 생채 음식이다. 미리 무치면 물기가 생기므로 내기 직전에 무치는 것이 좋다.

요구사항

주어진 재료를 사용하여 다음과 같이 무생채를 만드시오.

가. 무는 0.2cm×0.2cm×6cm로 썰어 사용하시오.

나. 생채는 고춧가루를 사용하시오.

다. 무생채는 70g 이상 제출하시오.

지급재료 목록

재료명	규격	수량
무	길이 7cm	120g
소금	정제염	5g
고춧가루		10g
흰 설탕		10g
식초		5mL
대파	흰 부분(4cm)	1토막
마늘	중(간 것)	1쪽
깨소금		5g
생강		5g

양념장
고춧가루 1작은술, 소금 1작은술, 설탕 2작은술, 식초 1큰술, 다진 파 1작은술, 다진 마늘 ½작은술, 다진 생강 ¼작은술, 깨소금 적당량

만드는 방법

❶ 밑준비
- 무는 길이 6cm, 두께와 폭은 0.2cm로 일정하게 채썬다.
- 무에 고운 고춧가루로 붉게 물들인다.
- 파, 마늘, 생강은 곱게 다지고, 양념장을 만든다.

❷ 재료 무치기
- 고운 고춧가루로 물들인 무에 양념장을 넣어 버무린다.

❸ 완성하기
- 접시에 보기 좋게 담아낸다.

Check point

구분	조리기술						작품평가		
항목	재료 손질	무 채썰기	고춧가루 물들이기	파, 마늘 다지기	양념하기	맛을 보는 경우	맛	색	그릇 담기
중요도	★	★★	★★	★★	★★	☆	★	★	★

배점표

구분	위생상태				조리기술							작품평가			
항목	1	2	3	소계	1	2	3	4	5	6	7	8	9	10	소계
	위생복 착용 개인 위생	정리 정돈 청소	조리 순서 재료 기구 취급		재료 손질	파, 마늘, 생강 다지기	무 썰기	고춧 가루 물들 이기	양념장 만들기	양념 버무 리기	맛을 보는 경우	맛	색	그릇 담기	
배점	0 2 3	0 2 3	0 2 4	10	0 3	0 2	0 5 10	0 2 5	0 2 5	0 2 5	0 -2	0 3 6	0 2 5	0 2 4	45

꼭 알아두세요!

■ 무
- 무생채는 결 방향으로 채를 균일하게 썰어야 무쳐 놓았을 때 색이 곱고 보기 좋다.
- 무에 물을 들일 때는 고운 고춧가루로 해야 한다. 굵은 고춧가루밖에 없다면 칼로 곱게 다져 고운체에 내려 사용한다.
- 무생채를 비롯한 생채류가 출제될 경우 내기 직전에 버무려야 물기가 생기지 않는다.

도라지생채

도라지생채는 통도라지를 소금물에 담가 쓴맛을 우려내고 가늘게 채썰어 고추장, 고춧가루를 넣어 새콤달콤하게 무쳐 먹는 생채이다. 도라지는 '길경(桔梗)'이라고도 한다.

요구사항

주어진 재료를 사용하여 다음과 같이 도라지생채를 만드시오.

가. 도라지는 0.3cm×0.3cm×6cm로 써시오.

나. 생채는 고추장과 고춧가루 양념으로 무쳐 제출하시오.

지급재료 목록

재료명	규격	수량
통도라지	껍질 있는 것	3개
소금	정제염	5g
고추장		20g
흰 설탕		10g
식초		15mL
대파	흰 부분(4cm)	1토막
마늘	중(간 것)	1쪽
깨소금		5g
고춧가루		10g

양념장
고춧가루 1작은술, 고추장 ⅓작은술, 소금 ⅓작은술, 식초 2작은술, 설탕 1작은술, 다진 파 1작은술, 다진 마늘 ½작은술, 깨소금 ½작은술

만드는 방법

❶ 밑준비

- 통도라지는 길이 6cm, 두께 0.3cm의 편으로 썰고 0.3cm 폭으로 가늘게 썰어 절인다.
- 절인 도라지는 소금물에 담근 다음 주물러 씻어서 쓴맛을 없애고 면포로 물기를 꼭 짠다.
- 파, 마늘은 곱게 다져 고추장, 고춧가루, 소금, 설탕, 식초, 깨소금과 섞어 양념장을 만든다.

❷ 도라지 무치기

- 도라지생채는 내기 직전에 양념장을 조금씩 넣어가며 색이 배도록 고루 무쳐낸다.

❸ 완성하기

- 물기 없이 접시에 깔끔하게 담아낸다.

Check point

구분	조리기술						작품평가		
항목	재료 손질	도라지 채썰기	파, 마늘 곱게 다지기	초고추장 양념	무치기	맛을 보는 경우	맛	색	그릇 담기
중요도	★	★★	★★	★★	★★	☆	★	★	★

배점표

구분	위생상태				조리기술							작품평가			
항목	1	2	3	소계	1	2	3	4	5	6	7	8	9	10	소계
	위생복 착용 개인 위생	정리 정돈 청소	조리 순서 재료 기구 취급		재료 손질	파, 마늘 다지기	도라지 썰기	쓴맛 제거 하기	양념장 만들기	양념 버무 리기	맛을 보는 경우	맛	색	그릇 담기	
배점	0 2 3	0 2 3	0 2 4	10	0 3	0 2	0 5 10	0 2 5	0 2 5	0 2 5	0 -2	0 3 6	0 2 5	0 2 4	45

꼭 알아두세요!

■ 도라지
- 도라지는 칼로 일정하게 채썰어 소금물에 담근다.
- 물이 생기지 않게 내기 직전에 버무린다.
- 양념장은 한번에 하지 말고 색을 보면서 조정한다.

더덕생채

더덕생채는 더덕을 소금물에 담가 쓴맛을 우려낸 후 물기를 없애고 방망이로 두들겨, 가늘고 길게 찢어 고추장, 고춧가루, 식초, 설탕을 넣어 새콤달콤하게 무치는 생채 음식이다.

요구사항

주어진 재료를 사용하여 다음과 같이 더덕생채를 만드시오.

가. 더덕은 5cm로 썰어 두들겨 편 후 찢어서 쓴맛을 제거하여 사용하시오.

나. 고춧가루로 양념하고, 전량 제출하시오.

지급재료 목록

재료명	규격	수량
통더덕	껍질 있는 것, 길이 10~15cm	2개
마늘	중(깐 것)	1쪽
흰 설탕		5g
식초		5mL
대파	흰 부분(4cm)	1토막
소금	정제염	5g
깨소금		5g
고춧가루		20g

양념장

고추장 1큰술, 고춧가루 1작은술, 식초 2작은술, 설탕 1작은술, 소금 ⅛작은술, 다진 파 1작은술, 다진 마늘 ½작은술, 깨소금 ½작은술

만드는 방법

❶ 밑준비

- 더덕은 길이로 반을 갈라 소금물에 담근 후 방망이로 두들겨 가늘고 길게 찢는다.
- 파, 마늘은 곱게 다지고 고춧가루, 고추장, 식초, 설탕, 깨소금을 넣어 양념장을 만든다.
- 더덕에 양념장을 넣어 고루 무친다.

❷ 더덕 무치기

- 더덕을 가볍게 무쳐서 부풀린다.

❸ 완성하기

- 물기 없이 접시에 깔끔하게 담아낸다.

Check point

구분	조리기술						작품평가		
항목	재료 손질	더덕 소금물	더덕 찢기	고춧가루 양념	무치기	맛을 보는 경우	맛	색	그릇 담기
중요도	★	★★	★★	★★	★★	☆	★	★	★

배점표

구분	위생상태				조리기술							작품평가			
항목	1	2	3	소계	1	2	3	4	5	6	7	8	9	10	소계
	위생복 착용 개인 위생	정리 정돈 청소	조리 순서 재료 기구 취급		재료 손질	파, 마늘 다지기	더덕 손질 하기	더덕 찢기	양념장 만들기	양념 버무 리기	맛을 보는 경우	맛	색	그릇 담기	
배점	0 2 3	0 2 3	0 2 4	10	0 3	0 2	0 5 10	0 2 5	0 2 5	0 2 5	0 −2	0 3 6	0 2 5	0 2 4	45

꼭 알아두세요!

- **더덕 손질**
- 더덕은 껍질을 벗겨 길이로 등분한 후 소금물에 담가 물기를 제거한 후 방망이로 밀어 자근자근 두들겨야 부서지지 않는다.
- 다른 양념을 넣기 전에 고운 고춧가루로 먼저 색을 내면 빛깔이 곱다.

겨자채

겨자채는 여러 가지 채소와 편육, 배, 밤, 황·백지단을 함께 섞어 겨자즙에 무쳐 먹는 냉채 음식으로 겨자의 톡 쏘는 매운맛은 여름철에 식욕을 돋우어준다. 겨잣가루는 매운맛이 강한 대신에 약간의 쓴맛이 있고, 연겨자는 매운맛이 약한 대신에 쓴맛이 없는 특징이 있다.

요구사항

주어진 재료를 사용하여 다음과 같이 겨자채를 만드시오.

가. 채소, 편육, 황·백지단, 배는 0.3cm×1cm×4cm로 써시오.
나. 밤은 모양대로 납작하게 써시오.
다. 겨자는 발효시켜 매운맛이 나도록 하여 간을 맞춘 후 재료를 무쳐서 담고, 통잣을 고명으로 올리시오.

지급재료 목록

재료명	규격	수량
양배추	길이 5cm	50g
오이	가늘고 곧은 것, 길이 20cm	⅓개
당근	곧은 것, 길이 7cm	50g
소고기	살코기(길이 5cm)	50g
밤	중(생 것), 껍질 깐 것	2개
달걀		1개
배	중(길이로 등분) 50g 정도 지급	⅛개
흰 설탕		20g
잣	깐 것	5개
소금	정제염	5g
식초		10mL
진간장		5mL
겨잣가루		6g
식용유		10mL

겨자즙
겨자 1큰술(발효한 것), 물 1작은술, 소금 ½작은술, 식초 1큰술, 설탕 2작은술, 간장 ½작은술

만드는 방법

❶ 밑준비

- 소고기는 덩어리째 끓는 물에 삶아 편육을 만들어 1cm×0.3cm×4cm의 골패모양으로 썬다.
- 겨자는 따뜻한 물로 되직하게 갠 후 편육용 냄비뚜껑 위에 엎어서 10여 분간 두어 발효시킨 뒤 식초, 설탕, 소금, 간장, 물을 넣어 겨자즙을 만든다.
- 양배추, 오이, 당근은 1cm×0.3cm×4cm의 골패모양으로 썰어 찬물에 담가 체에 건져 물기를 뺀다.
- 밤, 배는 껍질을 벗겨 0.3cm 두께로 납작하게 썰어 설탕물에 담가둔다.
- 달걀은 황·백으로 나눠 고명용 지단보다 도톰하게 부쳐 채소와 같은 골패형으로 썬다.
- 잣은 고깔을 떼어 비늘잣을 만든다.

❷ 겨자채 무치기

- 채소의 물기를 면포로 닦고 편육과 겨자즙을 넣어 버무린다.

❸ 완성하기

- 고명으로 황·백지단과 비늘잣을 올려 접시에 담아낸다.

Check point

구분	조리기술						작품평가		
항목	재료 손질	채소 썰기	고기 삶기	겨자즙 만들기	지단 부치기	맛을 보는 경우	맛	색	그릇 담기
중요도	★	★★	★★	★★	★★	☆	★	★	★

배점표

구분	위생상태				조리기술									작품평가			
항목	1	2	3	소계	1	2	3	4	5	6	7	8	9	10	11	12	소계
	위생복 착용 개인 위생	정리 정돈 청소	조리 순서 재료 기구 취급		재료 손질	고기 삶아 썰기	겨자 즙 만들기	채소 썰기	배, 밤 썰기	지단 부치기	비늘 잣 만들기	겨자 즙 버무 리기	맛을 보는 경우	맛	색	그릇 담기	
배점	0 2 3	0 2 3	0 2 4	10	0 3	0 2 5	0 2 5	0 2 5	0 3	0 2	0 2 5	0 2 5	0 −2	0 3 6	0 2 5	0 2 4	45

꼭 알아두세요!

■ 재료 준비
- 채소는 썰어서 찬물에 담갔다가 무치기 바로 전에 꺼내서 무치면 싱싱하다.
- 배와 밤은 설탕물에 담그면 갈변현상을 막을 수 있다.
- 지단과 배는 버무릴 때 잘 부서지므로 주의한다.

한식 회조리(미나리강회, 육회)

1) 회·숙회

신선한 육류, 어패류를 날로 먹는 음식을 회라 하며 육회·갑회·생선회 등이 있다. 어패류·채소 등을 익혀서 초간장·초고추장·겨자장 등에 찍어 먹는 음식을 숙회(熟膾)라 하며 어채·오징어숙회·강회·두릅회·송이회 등이 있다. 고려시대에는 불교의 이상세계를 염원하였으므로 살생을 함부로 하지 않는 종교적 영향으로 회를 즐기지 않았다. 그러나 조선시대에는 유교의 성리학을 정치이념으로 삼았으며 아무런 저항감 없이 자연스럽게 육회나 생선회를 즐겼을 것이라 한다.

강회(康膾)란 숙회의 하나로 미나리나 파 등의 채소를 소금물에 데쳐서 상투모양으로 잡아 초고추장에 찍어 먹는 것으로, 민간에서는 상투꼴로 감고, 궁중에서는 족두리꼴로 감았다. 술안주로 애용되었으며, 실파강회, 미나리강회, 주꾸미강회, 낙지강회 등이 있다.

흰살생선을 끓는 물에 살짝 익혀내는 숙회(熟膾)로 『규합총서(閨閤叢書)』·『시의전서(是議全書)』 등의 조리서에는 "각종 생선을 회처럼 썰어 녹말을 묻히고, 고기 내장·대하·전복·각종 채소도 채쳐서 한 가지씩 삶아내어 보기 좋게 담는다."라고 어채에 대하여 기록하고 있다.

육회(肉膾)용으로는 대접살이나 우둔육이 적당하며 신선한 것으로 결 반대로 채썰어 질기지 않도록 한다.

MEMO

미나리강회

강회는 숙회의 일종으로 미나리강회는 미나리를 데쳐 편육과 홍고추, 지단을 한데 묶어 초고추장에 찍어 먹는 음식이다. 손이 많이 가는 단점이 있지만 그 모양이 화려하고 정갈한 맛이 있어 주안상이나 교자상에 주로 올린다.

요구사항

주어진 재료를 사용하여 다음과 같이 미나리강회를 만드시오.

가. 강회의 폭은 1.5cm, 길이는 5cm로 만드시오.
나. 붉은 고추의 폭은 0.5cm, 길이는 4cm로 만드시오.
다. 달걀은 황·백지단으로 만들어 사용하시오.
라. 강회는 8개 만들어 초고추장과 함께 제출하시오.

지급재료 목록

재료명	규격	수량
소고기	살코기, 길이 7cm	80g
미나리	줄기 부분	30g
홍고추(생)		1개
달걀		2개
고추장		15g
식초		5mL
흰 설탕		5g
소금	정제염	5g
식용유		10mL
초고추장		
고추장 1큰술, 식초 1큰술, 설탕 ½큰술, 물 ½큰술		

만드는 방법

❶ 밑준비

- 소고기는 편육을 만들고 식혀 폭 1cm×0.3cm×4cm로 썬다.
- 미나리는 줄기만 다듬어 끓는 물에 소금을 넣고 데쳐서 찬물에 헹궈 물기를 꼭 짠다.
- 붉은 고추는 반으로 갈라 씨를 빼고 폭 0.3cm×3cm로 썬다.
- 달걀은 황·백으로 도톰하게 지단을 부쳐 1cm×0.3cm×4cm로 썬다.
- 고추장에 식초, 설탕, 물을 넣고 잘 섞어 초고추장을 만들어 곁들여 낸다.

❷ 미나리강회 말기

- 편육, 백지단, 황지단, 붉은 고추 순으로 가지런히 얹고 미나리로 전체 길이의 ⅓ 정도를 돌려 말아준다.

❸ 완성하기

- 완성 접시에 미나리강회 8개를 담고 초고추장을 곁들여 낸다.

Check point

구분	조리기술						작품평가		
항목	재료 손질	미나리 데치기	고기 삶기	지단 부치기	초고추장 만들기	맛을 보는 경우	맛	색	그릇 담기
중요도	★	★★	★★	★★	★★	☆	★	★	★

배점표

구분	위생상태				조리기술								작품평가			
항목	1	2	3	소계	1	2	3	4	5	6	7	8	9	10	11	소계
	위생복 착용 개인 위생	정리 정돈 청소	조리 순서 재료 기구 취급		재료 손질	미나리 데치기	고기 삶아 썰기	지단 만들기	고추 썰기	미나리 말기	초고추장 만들기	맛을 보는 경우	맛	색	그릇 담기	
배점	0 2 3	0 2 3	0 2 4	10	0 3	0 2 4	0 4	0 2 5	0	0 6 10	0 2	0 -2	0 3 6	0 2 5	0 2 4	45

🔖 꼭 알아두세요!

■ 편육

- 편육이 안 익은 경우 실격 처리되므로 반드시 익혀야 하며 젓가락으로 찔러보았을 때 핏물이 나오지 않으면 된다. 삶은 후 면포로 꼭꼭 감싸서 식힌 뒤에 썰어야 부서지지 않는다.
- 홍고추에 물기가 있으면 지단에 붉게 물들므로 물기를 제거한다.
- 미나리 줄기가 굵을 때는 반으로 갈라 사용한다.

육회

육회는 기름기 없는 우둔이나 홍두깨를 결 반대 방향으로 얇게 저민 후 가늘고 곱게 채썰어 양념장에 버무려 채썬 배와 편썰기한 마늘을 곁들여서 잣가루를 뿌려 바로 먹는 음식이다. 간장 대신 소금으로 간을 하고 설탕을 넣으면 빛깔이 고우나, 마늘을 많이 넣으면 색이 어두워지므로 주의한다.

요구사항

주어진 재료를 사용하여 다음과 같이 육회를 만드시오.

가. 소고기는 0.3cm×0.3cm×6cm로 썰어 소금 양념으로 하시오.
나. 배는 0.3cm×0.3cm×5cm로 변색되지 않게 하여 가장자리에 돌려 담으시오.
다. 마늘은 편으로 썰어 장식하고 잣가루를 고명으로 얹으시오.
라. 소고기는 손질하여 전량 사용하시오.

지급재료 목록

재료명	규격	수량
소고기	살코기	90g
배	중, 100g	¼개
잣	깐 것	5개
소금	정제염	5g
마늘	중(깐 것)	3쪽
대파	흰 부분(4cm)	2토막
검은 후춧가루		2g
참기름		10mL
흰 설탕		30g
깨소금		5g

6대 양념(소고기)

소금 ½작은술, 설탕 1큰술, 다진 파 1작은술,
깨소금 ½작은술, 참기름 1작은술, 후춧가루 적당량

만드는 방법

❶ 밑준비

- 소고기는 기름기가 없는 신선한 살코기로 결 반대 방향으로 0.3cm×0.3cm로 가늘게 채썬다.
- 배는 껍질을 벗겨 0.3cm×0.3cm×4cm 길이로 채썰어 갈변되지 않게 설탕물에 담근다.
- 잣은 고깔을 떼어 종이 위에 올려 곱게 다진다.
- 마늘의 일부는 편으로 얇게 썰고, 나머지는 파와 함께 곱게 다져 양념장을 만든다.
- 소고기에 양념장을 넣어 고루 무친다.

❷ 접시 담기

- 접시 가장자리에 배채를 가지런히 돌려 담고 가운데 양념한 육회를 올려놓고 편으로 썬 마늘을 육회 둘레에 돌려 담는다.

❸ 완성하기

- 완성된 육회에 잣가루를 뿌려 담아낸다.

Check point

구분	조리기술						작품평가		
항목	재료 손질	배 썰어 설탕물	마늘 편썰기	고기 채썰기	잣가루 만들기	맛을 보는 경우	맛	색	그릇 담기
중요도	★	★★	★★	★★	★★	☆	★	★	★

배점표

구분	위생상태				조리기술							작품평가			
항목	1	2	3	소계	1	2	3	4	5	6	7	8	9	10	소계
	위생복 착용 개인 위생	정리 정돈 청소	조리 순서 재료 기구 취급		재료 손질	마늘 편 썰기	배 썰기	소고기 썰기	양념 버무리기	잣가루 만들기	맛을 보는 경우	맛	색	그릇 담기	
배점	0 2 3	0 2 3	0 2 4	10	0 3	0 2 5	0 2 5	0 5 10	0 2 5	0 2	0 −2	0 3 6	0 2 5	0 2 4	45

꼭 알아두세요!

■ 육회

- 소고기를 설탕에 버무리면 핏물도 덜 빠지고 고기색도 변하지 않아 붉은색을 유지할 수 있다.
- 핏물이 많을 때는 핏물을 꼭 짜 배에 핏물이 스미는 것에 유의하며 제출 직전에 양념하도록 한다.
- 배는 채썰어 설탕물에 담갔다가 사용해야 색이 변하지 않는다.

한식 기초조리실무(재료 썰기)

1) 재료 썰기

① 원형(둥글)썰기 : 무, 당근, 호박, 오이, 연 근 등 단면이 둥근 채소는 평행으로 놓고 위에서부터 눌러 썬다. 조림, 국, 조림에 이용된다.

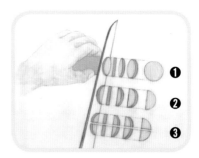

② 반달썰기 : 무, 고구마, 감자, 당근, 가지 등 통으로 썰기에 너무 큰 재료들은 길이로 반을 가른 후 썰어 반달모양이 되게 하고 찜에 이용된다.

③ 은행잎썰기 : 재료를 길게 십자로 4등분한 다음 고르게 은행잎 모양으로 썬 것으로 조림이나 된장찌개에 이용된다.

④ 얄팍썰기 : 재료를 원하는 길이로 토막 낸 다음 고른 두께로 얇게 썰거나 재료를 있 는 그대로 얄팍하게 써는 법이다. 무침, 볶음에 이용한다.

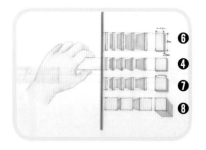

⑤ 어슷썰기 : 오이, 당근, 파, 아스파라거스 등 원통형이면서 약간 가는 것을 칼을 옆으로 비껴 적당한 두께로 어슷하게 썬다. 채를 썰기 전에도 어슷하 게 썬다.

⑥ **골패썰기** : 재료를 직사각형 모양으로 써는데 너비는 2~2.5cm, 길이는 5cm 정도, 두께는 0.5cm 정도로 납작납작하게 썬다. 신선로, 볶음 등에 쓴다.

⑦ **나박썰기** : 둥근 것은 2~3cm로 썬 후 세로로 얄팍하게 나박나박 썬다. 나박김치나 맑은국에 주로 쓰인다. 오래 끓이는 찌개에 넣을 때는 약간 도톰하게 썬다.

⑧ **깍둑썰기** : 무, 감자, 두부 등을 막대 썰기 한 다음 다시 주사위처럼 썬 것으로 깍두기, 조림, 찌개에 이용한다. 일정한 크기로 썰어야 보기 좋다.

⑨ **채썰기** : 얇게 썬 것을 비스듬히 포개 놓고 손으로 가볍게 누르면서 가장자리부터 세로로 가늘게 썬다. 생채, 무침, 볶음의 조리법에 쓰이고 생선회에 곁들이는 채소를 썰 때 이용된다.

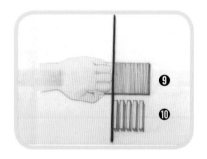

⑩ **막대썰기** : 재료를 원하는 길이로 토막 낸 다음 1×4cm 정도의 길이로 썬다. 떡볶이, 산적 등 길고 네모진 재료가 들어가는 음식에 넣는다.

⑪ **다져썰기** : 채썬 것을 가지런히 모아 잘게 썬 후 칼끝을 왼손으로 누르고 뒷면만을 아래위로 움직인다. 곱게 다지려면 먼저 채를 곱게 썰어야 한다. 흩어진 재료는 모아서 다시 썬다. 양념 만드는 데 이용한다.

⑫ **마구썰기** : 오이, 당근 등 비교적 가늘고 긴 재료들을 한 손으로 빙빙 돌려가

며 한 입 크기로 작아지게 써는 방법이
다. 단단한 채소의 조림에 쓴다.

⑬ **저며썰기** : 고기나 생선, 표고버섯 등을
얇고 넓적하게 썰 때 재료를 도마에 놓고
윗부분을 눌러 잡고 칼을 옆으로 뉘어서
포를 뜨듯이 썬다. 칼끝을 뉘어서 재료에
넣은 다음 안쪽으로 잡아당기는 느낌으
로 썬다.

⑭ **빗살모양썰기** : 사과, 양파 등 둥근 것은 세로로 반을 가른 후 가운데를 중심
으로 세워 놓은 채로 썬다.

⑮ **토막썰기** : 파, 미나리 등 가는 줄기의 것
들을 여러 개 모아 적당한 길이로 끊는
듯이 썬다.

⑯ **송송썰기** : 파, 고추를 동그랗게 송송 써
는 방법으로 국 고명으로 사용한다.

⑰ **솔방울썰기** : 오징어볶음 또는 회로 낼 때
큼직하게 모양내어 써는 방법이다. 오징
어 안쪽에 사선으로 칼집을 넣고 다시 엇

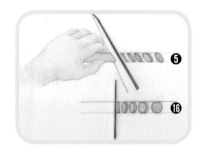

갈려 비스듬히 칼집을 넣은 다음 끓는
물에 살짝 데쳐서 모양을 낸다.

⑱ **모서리 다듬기** : 당근, 감자 등 재료의 모
서리를 얇게 도려내어 둥글게 다듬는다.

⑲ **깎아썰기** : 우엉 등의 재료를 연필 깎듯
이 돌려가면서 얇게 썰어준다.

⑳ **돌려깎기** : 오이, 호박 등을 4~5cm 정도
자른 후 껍질을 얄팍하게 돌려가며 깎는다.

재료 썰기

기본 썰기와 칼질, 지단 부치는 기술을 요하는 품목으로 정확하게 작업하는 것이 가장 중요하다. 가능한 버리는 부분 없이 모두 제출하는 것이 좋다.

요구사항

주어진 재료를 사용하여 다음과 같이 재료 썰기를 하시오.

가. 무, 오이, 당근, 달걀지단을 썰기 하여 전량 제출하시오.
　　(단, 재료별 써는 방법이 틀렸을 경우 실격 처리)

나. 무는 채썰기, 오이는 돌려깎기하여 채썰기, 당근은 골패썰기를 하시오.

다. 달걀은 흰자와 노른자를 분리하여 알끈과 거품을 제거하고 지단을 부쳐 완자(마름모꼴)모양으로 각 10개를 썰고, 나머지는 채썰기를 하시오.

라. 재료 썰기의 크기는 다음과 같이 하시오.
　　1) 채썰기 – 0.2cm×0.2cm×5cm
　　2) 골패썰기 – 0.2cm×1.5cm×5cm
　　3) 마름모형 썰기 – 한 면의 길이가 1.5cm

지급재료 목록

재료명	규격	수량
무		100g
오이	길이 25cm	½개
당근	길이 6cm	1토막
달걀		3개
식용유		20mL
소금		10g

만드는 방법

❶ 밑준비
- 무, 오이, 당근은 깨끗이 씻어 놓는다.
- 달걀은 황백으로 분리하여 알끈과 거품을 제거한다.

❷ 재료 썰기
- 무는 0.2cm×0.2cm×5cm로 채썬다.
- 오이는 돌려깎은 후 0.2cm×0.2cm×5cm로 채썬다.
- 당근은 0.2cm×1.5cm×5cm의 골패모양으로 썬다.
- 황·백지단은 0.2cm×0.2cm×5cm로 채썬다. 다른 지단은 한 면의 길이가 1.5cm가 되도록 마름모썰기를 10개 한다.

❸ 완성하기
- 접시에 모양있게 담아낸다.

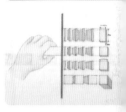

Check point

구분	조리기술						작품평가		
항목	재료 손질	무, 오이 채썰기	당근 골패썰기	달걀 마름모, 채	모양 있게 담기	맛을 보는 경우	맛	색	그릇 담기
중요도	★	★★	★★	★★	★★	☆	★	★	★

배점표

구분	위생상태				조리기술							작품평가			
항목	1	2	3	소계	1	2	3	4	5	6	7	8	9	10	소계
	위생복 착용 개인 위생	정리 정돈 청소	조리 순서 재료 기구 취급		재료 손질	무 썰기	오이 썰기	당근 썰기	지단 부치기	지단 썰기	맛을 보는 경우	맛	색	그릇 담기	
배점	0 2 3	0 2 3	0 2 4	10	0 3	0 2 5	0 2 5	0 2 5	0 3 6	0 3 6	0 −2	0 3 6	0 2 5	0 2 4	45

꼭 알아두세요!

■ 재료썰기
- 재료의 전량을 썰어 제출한다.
- 각 재료의 요구사항대로 주의하여 썰기한다.

한식 김치조리 (배추김치, 오이소박이)

1) 김치

채소류를 절여서 발효시킨 저장 음식으로 배추·무 이외에도 그 고장에서 제철에 많이 나는 채소 등으로 만든다.

김치를 의미하는 옛말은 '디히'와 '지'인데 '지'는 지금까지도 김치의 다른 표현으로 불리고 있다. 상고시대에는 김치를 '저'라는 한자어로 표기하였다.

『삼국유사』에서 김치 젓갈무리인 '저해'가 기록되어 있으며 또 『고려사』, 『고려사절요』에서는 '저'를 찾아볼 수 있다. '저'란 날채소를 소금에 절여 차가운 데 두고 숙성시킨 김치무리를 말하는 것이다.

MEMO

배추김치

통배추를 쪼개서 소금물에 절인 다음 양념을 버무려 만든 김치로 우리의 대표적인 전통음식이다.

요구사항

주어진 재료를 사용하여 다음과 같이 배추김치를 만드시오.

가. 배추는 씻어 물기를 빼시오.

나. 찹쌀가루로 찹쌀풀을 쑤어 식혀 사용하시오.

다. 무는 0.3cm × 0.3cm × 5cm 크기로 채 썰어 고춧가루로 버무려 색을 들이시오.

라. 실파, 갓, 미나리, 대파(채썰기)는 4cm로 썰고, 마늘, 생강, 새우젓은 다져 사용하시오.

마. 소의 재료를 양념하여 버무려 사용하시오.

바. 소를 배춧잎 사이사이에 고르게 채워 반을 접어 바깥 잎으로 전체를 싸서 담아내시오.

지급재료 목록

재료명	규격	수량
절임배추	포기당 2.5~3kg (1/4포기당 500~600g)	1/4포기
무	길이 5cm 이상	100g
실파	쪽파 대체 가능	20g
갓	적겨자 대체 가능	20g
미나리	줄기 부분	10g
찹쌀가루	건식가루	10g
새우젓		20g
멸치액젓		10g
대파	흰 부분(4cm)	1g
마늘	중(깐 것)	2g
생강		10g
고춧가루		50g
소금	재제염	10g
흰설탕		10g

만드는 방법

❶ 밑준비

- 절인 배추는 깨끗이 씻어 엎어 물기를 뺀다.
- 찹쌀가루에 물 3/4컵을 넣고 저어가며 찹쌀풀을 끓여 식힌다.
- 찹쌀가루 2큰술에 물 1컵을 넣고 잘 풀어 저어가 며 풀을 끓여 식힌다.
- 무는 0.3cm×0.3cm×5cm로 채를 썰어 고춧가 루 1큰술을 넣고 버무려 고춧가루로 물들인다.
- 실파, 갓, 미나리, 대파(채 썰기)는 4cm 길이로 썬다.
- 마늘, 생강, 새우젓은 곱게 다진다.

❷ 버무리기

- 고춧가루에 찹쌀풀, 다진 마늘, 다진 생강, 새우젓, 멸치액젓, 설탕, 소금을 넣고 양념장을 만든다.
- 양념장에 무를 넣고 버무린 다음 실파, 갓, 미나 리, 대파(채 썰기)를 섞어 소를 만든다.

❸ 완성하기

- 소를 배추 잎 사이사이에 고르게 펴 넣고 반을 접어 겉잎으로 전체를 감싸 소가 빠지지 않게 꼭 싸서 담아낸다.

Check point

구분	조리기술						작품평가		
항목	재료 손질	찹쌀풀 쑤기	무 고춧가루 물들이기	속 재료 버 무리기	속 넣기	맛을 보는 경우	맛	색	그릇 담기
중요도	★	★★	★★	★★	★★★	☆	★	★	★

배점표

구분	위생상태				조리기술									작품평가			
항목	1	2	3	소계	1	2	3	4	5	6	7	8	7	8	9	10	소계
	위생복 착용 개인위생	정리 정돈 청소	조리 순서 재료 기구 취급		재료 손질	배추 물기 빼기	찹쌀 풀 쑤기	무채 고춧 가루 물들 이기	실파 갓, 미나 리 썰 기	양념 다지 기	소양 념 만 들기	소 넣기	배춧 잎 감 싸기	맛	색	그릇 담기	
배점	0 2 3	0 2 3	0 2 4	10	0 2	0 3	0 3	0 2 5	0 2 5	0 1 3	0 2	0 2 5	0 2	0 3 6	0 2 5	0 2 4	45

오이소박이

오이소박이는 부추를 썰어 양념한 소를 채워 익힌 아삭아삭 씹히는 질감이 좋은 여름철의 별미다. 젓갈을 사용하지 않기 때문에 맛이 깔끔하고 담백하다.

요구사항

주어진 재료를 사용하여 다음과 같이 오이소박이를 만드시오.

가. 오이는 6cm 길이로 3토막 내시오.

나. 오이에 3~4갈래 칼집을 넣을 때 양쪽 끝이 1cm 남도록 하고, 절여 사용하시오.

다. 소를 만들 때 부추는 1cm 길이로 썰고, 새우젓은 다져 사용하시오.

라. 그릇에 묻은 양념을 이용하여 국물을 만들어 소박이 위에 부어내시오.

지급재료 목록

재료명	규격	수량
오이	가는 것(20cm)	1개
부추		20g
새우젓		10g
고춧가루		10g
대파	흰 부분(4cm)	1토막
마늘	중(깐 것)	1쪽
생강		10g
소금	정제염	50g

소 양념
고춧가루 1큰술, 다진 파 1작은술, 다진 마늘 ½작은술, 다진 생강 ¼작은술, 물 1작은술

절이는 물
소금 3큰술, 물 1컵

만드는 방법

❶ 밑준비

- 오이는 통째로 소금으로 깨끗이 씻은 후 6cm 길이로 토막 내어 양 끝을 1cm씩 남기고 열십자로 칼집을 넣어 소금물에 절여둔다.
- 부추는 깨끗이 씻은 후 0.5cm 길이로 송송 썰고, 파, 마늘, 생강은 곱게 다져 고춧가루와 물, 소금을 넣고 버무려 소를 만든다.

❷ 오이 소 넣기

- 절인 오이는 물기를 빼고, 양 끝을 눌러 칼집 사이에 소가 고르게 들어가도록 채워 넣는다.
- 소를 버무렸던 그릇에 물을 부어준 후, 소량의 소금을 넣어 김칫국물을 만든다.

❸ 완성하기

- 완성된 오이소박이를 그릇에 담고 김칫국물을 소박이 위에 부어낸다

Check point

구분	조리기술						작품평가		
항목	재료 손질	오이 칼집 넣기	오이 소금물 절이기	오이 소 만들기	오이 소 넣기	맛을 보는 경우	맛	색	그릇 담기
중요도	★	★★	★★	★★	★★	☆	★	★	★

배점표

구분	위생상태				조리기술							작품평가			
항목	1	2	3	소계	1	2	3	4	5	6	7	8	9	10	소계
	위생복 착용 개인 위생	정리 정돈 청소	조리 순서 재료 기구 취급		재료 손질	오이 절이기	소 만들기	소 넣기	김칫 국물 만들기	담기	국물 끼얹기	맛	색	그릇 담기	
배점	0 2 3	0 2 3	0 2 4	10	0 3	0 3 5	0 2 5	0 3 4	0 2	0 2 4	0 2	0 3 6	0 2 5	0 2 4	45

꼭 알아두세요!

■ 오이소박이

- 작은 과도를 이용해 칼집을 넣고 미지근한 소금물에 절인다.
- 오이가 충분히 절여져야 소를 넣을 때 끝이 갈라지지 않는다.
- 젓가락을 이용해 속을 채우고, 부추 소는 1차 넣은 후 두었다가 2차로 더 넣어준다.
- 반 갈랐을 때 부추가 넉넉히 들어 있어야 잘 된 작품이다.
- 오이 표면에 부추가 묻지 않도록 정갈하게 한다.

제4부

한국음식 조리실습 Ⅱ

어만두 · 임자수탕 · 게감정 · 도미면
궁중닭찜 · 쇠갈비찜 · 연저육찜 · 두부선
삼계선 · 해물잣즙채 · 구절판 · 삼색 밀쌈 · 대합구이
오리불고기 · 녹두빈대떡 · 맥적 · 사슬적 · 깍두기

어만두

대표적인 궁중음식의 하나로 밀가루 대신 생선살을 얇게 포 뜬 것을 피(皮)로 한 만두이다.
주재료는 흰살 생선으로 민어, 광어, 도미, 대구처럼 단단하고 차진 생선살이 좋은데, 옛날
에는 숭어살이 으뜸이었다고 한다.

지급재료 목록

재료명	수량
흰살 생선	300g
다진 소고기	100g
표고버섯	3장
목이버섯	3장
숙주	150g
오이	1개
소금	
후춧가루	
감자전분	1컵
고기양념	
간장 1큰술, 설탕 1작은술, 다진 파 1큰술, 다진 마늘 1/2큰술, 깨소금 1/2큰술, 참기름 1/2큰술, 후춧가루	

만드는 방법

❶ 생선은 7cm 정도로 크고 넓게 포를 떠서 소금, 후춧가루로 밑간을 한다.
❷ 쇠고기는 고기양념으로 잘 버무려 놓는다.
❸ 표고버섯과 목이버섯은 물에 불린 후 채썰어 소금과 참기름으로 양념한다.
❹ 오이는 돌려깎기하여 채썰고 소금으로 절여 놓는다.
❺ 숙주는 거두절미하고 데쳐서 물기를 짠 뒤 잘게 썬다.
❻ 기름을 두르고 오이, 버섯, 고기 순으로 볶은 후 숙주와 섞어 물기를 꼭 짜서 만두소로 준비한다.
❼ 생선의 물기를 제거한 후 녹말가루를 뿌려 만두소를 넣고 눌러 붙여 반달 모양으로 둥글게 감싼다.
❽ 김이 오른 찜통에 면포를 깔고 7~8분 정도 찐다.
❾ 초간장을 곁들여 낸다.

꼭 알아두세요!

• 녹말가루는 만두소와 생선의 접착력을 좋게 하며 익었을 때 생선의 색을 투명하고 윤기나게 해준다.
• 생선살에 결이 부서지지 않게 포를 떠준다.

임자수탕

차게 식힌 닭육수에 참깨를 갈아 넣고 잘게 찢은 닭고기와 채소를 넣어 먹는 음식이다. '임
자(荏子)'는 깨를 말한다. 궁중이나 양반가에서 여름 보양식으로 즐겨 먹은 한국 전통요리
이다.

지급재료 목록

재료명	수량
닭	1마리
파	20g
마늘	15g
양파	50g
참깨	100g
오이	1/2개
소금	1/2작은술
표고버섯	2장
홍고추	1개
녹말	4큰술
달걀	1개
잣	1작은술
식용유	1큰술
다진 소고기(우둔)	80g
두부	40g
달걀	1개
밀가루	2큰술

완자양념장
국간장 1/3작은술, 소금 1/8작은술, 다진 파 1작은술, 다진 마늘 1/2 작은술, 참기름 1/2 작은술, 후춧가루

만드는 방법

❶ 닭은 내장과 기름기를 떼어낸 뒤 깨끗이 씻어 향채를 넣고 끓인 후 닭고기는 건져서 찢어 소금양념하고 국물은 걸러서
닭육수를 만든다.

❷ 참깨는 물에 1시간 정도 불린 후, 문질러 씻고 일어서, 체에 밭쳐 물기를 뺀 뒤 팬에 참깨를 넣고 볶아서 믹서에 육수와 함
께 넣고 곱게 간 후 체에 내려 깻국물을 만들어 소금으로 간을 한다.

❸ 두부는 물기를 짜서 곱게 으깨어, 다진 쇠고기와 섞어 양념하고 직경 1.5cm 정도의 완자를 만든다. 완자는 밀가루를 입히
고 달걀물을 씌워, 팬에서 굴려가며 지진다.

❹ 오이는 소금으로 비벼 깨끗이 씻은 후, 가로 1.5cm, 세로 3cm, 두께 0.3cm 정도로 썰어 소금을 넣고 절인 후, 물기를 닦
는다. 표고버섯은 물에 불린 후, 오이와 같은 크기로 썬다. 홍고추는 반으로 잘라 씨와 속을 떼어내고, 오이와 같은 크기
로 썬다.

❺ 오이와 표고버섯 · 홍고추에 녹말을 입혀 끓는 물에 데친 후 찬물로 헹군다.

❻ 잣은 고깔을 떼고, 달걀은 황백지단을 부쳐, 가로 1.5cm, 세로 3cm 정도로 썬다.

❼ 그릇에 양념한 닭고기를 넣고, 그 위에 완자와 준비한 여러 가지 채소를 색 맞추어 돌려 담고, 깻국물을 부어 잣을 띄운다.

꼭 알아두세요!

• 깻국물은 고운체나 면포에 걸러야 좋으며, 닭육수는 기름을 걷어내고 차게 해서 먹는다.
• 검은깨를 이용해서 임자수탕을 할 수도 있다.

게감정

게의 등딱지를 떼고 그 속에 갖은 양념을 한 소를 넣어 만든 음식으로 꽃게는 봄에 가장 맛이 좋으며 게감정은 옛날 봄철 임금님의 수랏상에 빠지지 않고 올렸던 고추장찌개이다.

지급재료 목록

재료명	수량
꽃게(암컷)	2마리
다진 소고기	100g
표고버섯	2개
두부	1/5모
숙주	80g
무	1/6개
청고추	1/2개
홍고추	1/2개
파	20g
쑥갓	40g
밀가루	5큰술
달걀	1개

소고기양념
국간장 1/2작은술, 다진 파 1/2작은술, 다진 마늘 1/4작은술, 깨소금 1/2작은술, 후춧가루 1/8작은술, 참기름 1/2작은술

소양념
소금 1작은술, 후춧가루 1/8작은술, 통깨 1/2작은술, 참기름 1작은술

감정양념
된장 1큰술, 고추장 2큰술, 소금 1/2작은술, 다진 마늘 1큰술, 생강즙, 설탕

만드는 방법

❶ 꽃게는 솔로 깨끗이 씻어 발끝을 자르고, 게의 등딱지는 떼어서 게살을 긁어 낸다.

❷ 끓는 물에 숙주를 넣고 데쳐서 송송 썰고 물기를 짠다.

❸ 다진 소고기는 고기양념으로 양념한다.

❹ 표고버섯은 물에 불려, 기둥을 떼고 물기를 닦아 곱게 다지고, 두부는 곱게 으깨어 물기를 제거한다.

❺ 무는 손질하여 나박썰기를 썰고, 청·홍고추, 파는 깨끗이 손질하여 길이로 어슷썰고, 쑥갓은 손질하여 깨끗이 씻는다.

❻ 게살에 준비한 표고버섯, 두부, 숙주를 넣어 소 양념하고, 양념한 다진 쇠고기와 섞어 소를 만든다.

❼ 게 등딱지 안쪽에 밀가루를 바르고, 소를 평평하게 채워 넣고 소를 채운 면에 밀가루를 입히고 달걀물을 씌워 지진다.

❽ 냄비에 물을 붓고 끓으면 양념장을 풀어 넣고 게다리와 무를 넣어 중불로 낮추어 더 끓인 뒤 게다리는 건져내고 감정국물을 만든다.

❾ 감정국물에 지진 게 등딱지를 넣고 끓이다가 청·홍고추, 대파를 넣고 끓이다가 쑥갓을 넣고 불을 끈다.

 꼭 알아두세요!

• 감정이란 찌개보다는 국물이 조금 더 있으며 고추장으로 양념한 음식이다.

• 소에 들어가는 재료에 물기를 완전히 제거한다.

• 긁어낸 게살의 국물을 제거한 후 소로 넣는다.

도미면

도미살을 전유어로 부쳐 삶은 고기와 채소 등을 담고 끓인 장국을 이용한 궁중의 전골로 승
기악탕(勝妓藥湯)이라 불리는데 '기생도 능가하는 탕'이라 하여 붙여진 이름이다.

지급재료 목록

재료명	수량
도미	1마리
소금	
흰 후춧가루	
소고기(양지머리)	200g
대파	50g
마늘	20g
표고버섯	12개
석이버섯	1g
목이버섯	3장
쑥갓	20g
홍고추	1개
당면	40g
호두	5개
은행	8개
잣	1작은술
달걀	3개
미나리	15g
밀가루	3큰술
식용유	1컵
국간장	1/2큰술
소금	1작은술

육수양념
국간장 1/2큰술, 소금 1작은술

완자양념
다진 소고기(우둔) 20g, 두부 10g, 달걀 1개, 밀가루,
식용유, 간장 1/2작은술, 다진 파 1/2작은술,
다진 마늘 1/4작은술, 후춧가루, 참기름 1/2작은술

만드는 방법

❶ 도미는 비늘을 긁고 지느러미를 잘라, 내장을 빼내고 깨끗이 씻은 후, 양쪽으로 포를 떠서 가로 4cm, 세로 5cm 정도로 저며 썰어, 소금과 흰 후춧가루를 뿌려두었다가 물기를 닦는다.

❷ 도미 포는 밀가루를 입히고 달걀물을 씌운 다음 팬을 달구어 식용유를 두르고, 중불에서 지진다.

❸ 냄비에 육수용 쇠고기와 향채, 물을 붓고 끓으면 중불로 낮추어 끓인 후, 육수는 식혀서 면포에 거르고 국간장과 소금으로 양념한다. 쇠고기는 건져서 편육으로 썬다.

❹ 완자용 두부는 면포로 물기를 짜서 곱게 으깨어, 다진 쇠고기와 같이 양념장을 넣고 양념하여, 직경 1.5cm 정도로 완자를 빚어 밀가루를 입히고 달걀물을 씌워, 팬에 굴려가며 지진다.

❺ 표고버섯과 석이버섯·목이버섯은 물에 불려, 표고버섯은 기둥을 떼고 물기를 닦아서 가로 2cm, 세로 4~5cm 크기로 썰고, 석이버섯은 비벼 씻어 가운데 돌기를 떼어내고 물기를 닦아, 곱게 다져 달걀흰자를 넣고 섞는다. 목이버섯은 손질하여 떼어놓는다.

❻ 쑥갓은 다듬어 깨끗이 씻고, 홍고추는 길이로 반을 잘라 가로 2cm, 세로 4~5cm 크기로 썬다. 당면은 물에 불린다.

❼ 호두는 따뜻한 물에 불려 속껍질을 벗기고, 은행은 팬을 달구어 식용유를 두르고 볶아 껍질을 벗긴다. 잣은 고깔을 떼어 면포로 닦는다.

❽ 황백지단과 석이지단·미나리초대를 부쳐, 표고버섯과 같은 크기로 썬다.

❾ 전골냄비에 편육과 당면을 깔고, 그 위에 도미 머리와 뼈를 올린다. 그 위에 도미전과 지단·채소·견과류를 색 맞추어 돌려 담고 육수를 부어, 끓으면 간하고 쑥갓을 넣는다.

꼭 알아두세요!

- 양지머리 육수를 부어 끓인 후 삶은 국수나 만두를 넣어 먹기도 한다.
- 손질한 도미는 찜통에 찌거나 팬에 지져 내기도 한다.

궁중닭찜

궁중닭찜은 조선시대 궁중음식으로 삶은 닭고기를 발라내어 굵직하게 찢은 뒤에 버섯과
밀가루, 달걀을 풀어 걸쭉하게 끓인 것으로, 기름기가 없어 담백하고 부드러운 맛이 특징
이다

지급재료 목록

재료명	수량
닭(중)	1마리
파	20g
마늘	15g
양파	50g
표고버섯	3장
목이버섯	3g
석이버섯	3g
녹말가루	2큰술
달걀	1개
소금	
후춧가루	

양념
소금 1/4작은술, 다진 파 1작은술, 다진 마늘 1/2작은술

만드는 방법

❶ 닭은 내장과 기름을 떼어내고 깨끗이 씻어, 냄비에 넣고 끓으면 중불로 낮추어 향채를 넣고 더 끓인다.

❷ 닭은 건져서 살을 발라 길이로 찢어 양념하고, 국물은 식혀서 면포에 걸러 닭육수를 만든다.

❸ 표고버섯과 목이버섯, 석이버섯은 물에 불린 다음, 표고버섯은 기둥을 떼고 물기를 닦아 채썰고, 목이버섯은 한 잎씩 떼어 자르고, 석이버섯은 비벼 씻어 가운데 돌기를 떼어낸 뒤 채썬다.

❹ 냄비에 닭육수를 붓고 센 불에서 끓으면 닭살과 표고버섯, 목이버섯, 석이버섯을 넣고 끓이다가, 중불로 낮추어 끓인 후 소금과 후춧가루로 간한다.

❺ 물녹말을 넣고 끓이다가 달걀물로 줄알을 풀고 더 끓인다.

꼭 알아두세요!

• 달걀물로 줄알을 칠 때는 약불로 하고, 물녹말 대신 밀가루를 사용하기도 한다.

쇠갈비찜

쇠갈비에 무나 표고버섯 등의 채소를 넣고 갖은 양념을 하여 찐 음식이다. 찜은 부재료가 많이 들어가 영양적으로 우수하며 맛이 좋고 모양이 흐트러지지 않는 조리법이다.

지급재료 목록

재료명	수량
쇠갈비(찜용)	1kg
청주	1/2컵
깐 밤	10개
무	100g
표고버섯	5개
당근	60g
대파	100g
양파	200g
통마늘	50g
건고추	3개
배	1/2개
사과	1/2개
양념장	
간장 1컵, 설탕 70g, 올리고당 100g, 육수 6컵, 청주 1/4컵, 꿀 1큰술, 참기름 3큰술, 깨소금 2큰술, 후춧가루 1/2작은술	

만드는 방법

❶ 찜용 쇠갈비는 사방 5∼6cm 크기로 썰어 찬물에 2시간 정도 담가 핏물을 뺀다.

❷ 끓는 물에 갈비를 넣어 1차로 삶고 다시 끓는 물에 청주를 넣어 갈비가 속까지 익을 정도로 2차 삶아내기를 한다.

❸ 무와 당근은 밤처럼 모서리를 둥글게 굴려 반 정도만 익게 데치고, 표고버섯은 미지근한 물에 불린다.

❹ 냄비에 갈비찜, 믹서에 간 부재료와 양념을 넣고 40∼50분 정도 끓이면서 기름기를 걷어낸다.

❺ 준비한 무, 당근, 표고버섯, 꿀을 한데 넣어 어우러지게 조린다.

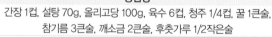

꼭 알아두세요!

• 갈비찜은 국물이 자작하도록 넉넉하게 육수를 준비하여 끓이도록 한다.

• 식혀서 굳기름을 걷어내고 사용하면 더욱 깔끔한 맛을 낼 수 있다.

• 무 대신 고구마, 단호박을 첨가하기도 하는데, 너무 오래 끓이면 뭉그러지므로 거의 익었을 때 넣도록 한다.

• 갈비찜을 너무 센 불에서 단시간에 끓여내면 질겨지므로 센 불에서 조리한 후 약한 불에서 충분히 끓여 육질을 부드럽게 한다.

연저육찜

연저란 새끼돼지를 말하며 임금님 수라상에 올렸던 음식으로, 육질이 부드럽고 맛이 좋아
입맛을 잃은 사람에게 제격인 음식이다.

지급재료 목록

재료명	수량
통삼겹살	600g
두부	150g
인삼	25g
대추	5알
은행	10알
호두	20g
대파	1대
마늘	5알
생강	1톨
양념	
간장 1/2컵, 물 1/2컵, 설탕 1/4컵, 물엿 1/4컵, 다진 파 25g, 다진 마늘 10g, 다진 생강 15g	

만드는 방법

❶ 통삼겹살을 향채와 함께 넣고 20~30분간 삶은 다음 얼음물을 부어 기름을 뺀다.
❷ 두부는 사방 2cm 크기로 잘라 프라이팬에 기름을 두르고 노릇하게 구워준다.
❸ 대추는 돌려깎기하여 2등분한다.
❹ 은행은 팬에 구워 껍질을 벗긴다.
❺ 삶아 놓은 통삼겹살은 프라이팬에 노릇하게 지진 후 기름을 따라 버린다.
❻ 준비한 양념장의 ½ 정도를 통삼겹에 부어 끓인다. 이때 인삼, 대추, 은행, 두부, 호두를 넣고 끓이다가 나머지 양념장을 마저 넣고 함께 조린다.

꼭 알아두세요!

• 뚜껑을 닫고 조리다가 끓기 시작하면 열고 조려야 윤기가 난다.

두부선

으깬 두부와 다진 닭고기를 섞어 평평하게 편 후 황백지단, 석이버섯, 실고추, 잣을 고명으로 얹어 찐 음식으로 초간장이나 겨자간장을 곁들여 먹는다.

지급재료 목록

재료명	수량
두부	1모
닭(안심)	100g
밀가루	3큰술
소금	1큰술
생강	1작은술
깨소금	2작은술
참기름	1큰술
표고버섯	1장
대추	3알
잣	15알
석이버섯	2장
달걀	1개

만드는 방법

❶ 두부는 거즈에 싸서 물기를 짠 뒤 으깬다.

❷ 닭고기는 곱게 다진다.

❸ 표고버섯은 불려 기둥을 떼고 곱게 채썬다.

❹ 석이버섯은 불려 뒷면의 이끼와 돌을 제거하고 곱게 채썬다.

❺ 대추는 돌려깎기하여 채썰고, 잣은 고깔을 떼어 놓는다.

❻ 달걀은 황백지단을 부친 후 2×0.1cm로 곱게 채썬다.

❼ ①, ②를 섞어 치대다가 달걀흰자와 밀가루를 넣어 양념하고 고루 섞어 납작한 접시에 1cm 두께로 펴놓는다.

❽ ⑦에 ④~⑥을 고루 뿌려 눌러주고, 김이 오른 찜통에 중불에서 10분간 쪄낸 후 식힌다.

❾ ⑧을 3×3cm로 썰어 접시에 보기 좋게 담아 낸다.

꼭 알아두세요!

• 식은 후에 썰어야 모양이 흐트러지지 않는다.

• 고명으로 쓰이는 것들은 아주 곱게 채썬다.

삼계선

닭과 인삼은 궁합이 잘 맞아 여름철 보신음식으로 즐겨 먹으며, 부드럽고 좋다는 의미가
내포된 '선(膳)'은 전통 궁중음식으로 채소를 주재료에 넣어 쪄내는 일종의 찜요리이다.

지급재료 목록

재료명	수량
닭(안심)	200g
미삼	3뿌리
대추	15개
대추	20g
녹말가루	3큰술
소금	1/2작은술
후춧가루	1/3작은술
겨자양념	
겨자 1큰술, 물 1큰술, 식초 1큰술, 설탕 2큰술, 소금 1작은술	

만드는 방법

❶ 닭안심은 힘줄을 잘라내고 곱게 다진 후 소금, 후춧가루로 밑간하여 잘 치대어 끈기가 생기도록 한다.

❷ 미삼은 지름 0.5cm 정도 굵기로 손질하고, 대추는 돌려깎기하여 껍질 속에 다진 대추를 넣고 중심에 미삼을 얹어 오므려서 잘 싼다.

❸ 김발 위에 젖은 면포를 깔고 다진 닭안심을 얇게 편 다음 미삼을 싼 대추를 넣고 돌돌 말아 끝부분에 녹말가루를 살짝 뿌려 잘 붙도록 한다.

❹ 면포에 싼 채로 20분 정도 쪄내고, 한 김 나면 1.5~2cm 두께로 썰어 담고 겨자장을 곁들인다

꼭 알아두세요!

• 닭안심은 곱게 다져 오래도록 치대어야 김발로 말아 찜통에 쪘을 때 갈라지지 않는다.

해물잣즙채

각종 해물과 채소를 손질하여 겨자잣소스에 버무려 주안상이나 잔치상에 올리는 음식이다.

지급재료 목록

재료명	수량
새우	5마리
갑오징어	100g
소라살	50g
패주	50g
파	10g
마늘	10g
생강	5g
죽순	50g
오이	50g
당근	30g
배	50g
밤	2개
달걀	1개
식용유	1/2큰술
잣	1작은술

겨자양념장	
발효겨자 1½큰술, 설탕 2큰술, 식초 2큰술, 물 1큰술, 소금	

만드는 방법

❶ 새우는 씻어서 내장을 꼬치로 빼낸다. 갑오징어는 깨끗이 씻어 몸통 안쪽에 칼집을 넣고 길이 5cm, 폭 1.5cm 정도로 썬다.

❷ 소라살과 패주는 씻어서 소라살은 저며 썰고, 패주는 얇은 막을 벗기고 도톰하게 채썬다.

❸ 냄비에 향채를 넣고 끓으면 해산물을 넣어 데친 다음 건져서 물기를 뺀 뒤 새우는 머리, 꼬리, 껍질을 벗겨 반으로 저며썬다.

❹ 죽순은 빗살모양으로 썰어 끓는 물에 데치고, 오이와 당근은 골패모양으로 썬다.

❺ 배는 껍질을 벗겨 죽순과 같은 크기로 썰어 설탕물에 담가 놓고, 밤은 껍질을 벗겨 얇게 편으로 썬다.

❻ 달걀은 황백지단을 부쳐 골패모양으로 썰고, 잣은 고깔을 떼고 면포로 닦는다.

❼ 겨자즙을 만든다.

❽ 준비한 재료를 한데 섞고 겨자즙을 넣어 고루 무친 다음 그릇에 담고 잣을 고명으로 얹는다.

꼭 알아두세요!

• 겨자는 중탕이나 따뜻한 곳에서 발효해야 쓴맛도 없고 겨자의 매운맛이 좋다.
• 겨자에 들어 있는 매운맛 성분은 대장염증을 개선시키며, 신진대사를 촉진한다고 한다.
• 생죽순은 쌀뜨물에 30분 정도 삶은 후 식혀서 그대로 냉동보관하면 좋다.

구절판

맑게 비칠 정도로 얇고 하늘하늘하면서도 담백한 밀전병과 8가지 음식이 한데 어우러져 내는 맛이 일품이다. 밀쌈은 재료를 밀전병에 싸서 만드는 것이다.

지급재료 목록

재료명	수량
밀가루	1C
물	1/2C
소금	1/4작은술
오이	1개
당근	1개
애호박	1개
표고버섯	3장
숙주	50g
소고기(우둔)	150g
달걀	2개
밀가루	1C
물	1/4C
소금	1/4작은술
치자	2개
방풍잎즙	1큰술
석이버섯가루	1큰술
고기양념	
간장 1큰술, 설탕 ½큰술, 다진 마늘 ½큰술, 다진 파 1큰술 깨소금 ¼작은술, 참기름 ¼작은술, 후춧가루 약간	
겨자장 소스	
겨자 1½큰술, 식초 1작은술, 설탕 ¼큰술, 다진 마늘 ¼큰술 다진 파 ½큰술, 깨소금, 참기름, 후춧가루	

만드는 방법

❶ 달걀은 황백지단을 따로 부쳐 가늘게 채썬다.
❷ 밀전병은 밀가루, 소금, 물을 섞어 거품기로 오래 치댄 후 체에 한번 내려서 각각의 색을 낸다.
❸ 팬을 약하게 달군 후 전병반죽을 수저로 한 번씩 떠서 얇게 밀전병을 부친다.
❹ 오이, 당근, 애호박은 돌려깎기한 후 채썰어 소금에 살짝 절여 물기를 짜고 센 불에서 볶는다.
❺ 숙주는 거두절미하여 데쳐서 소금, 참기름으로 양념한다.
❻ 표고버섯은 불린 후 쇠고기와 함께 곱게 채썰어 고기양념장으로 버무린 다음 볶는다.
❼ 구절판에 여덟 가지 재료를 같은 색끼리 마주보도록 담고 겨자장을 곁들인다. 밀쌈을 곁들여 내도 좋다.

꼭 알아두세요!

• 황백지단은 미리 부쳐 냉동실에 넣어두고 필요할 때마다 꺼내 쓰면 편리하다.
• 새우, 해삼, 전복, 우엉, 죽순 등을 사용해도 좋다.
• 밀전병을 얇게 부쳐야 잘 말아진다.

삼색 밀쌈

구절판과 비슷한데, 구절판은 밀전병과 여러 재료를 그릇에 각각 담았다가 먹을 때 싸서
먹는 데 반하여 밀쌈은 미리 재료를 전병(煎餠)에 싸서 만드는 것이다. 밀쌈은 구절판보다
간편하며, 유두절식뿐 아니라 여름철의 시식으로도 많이 먹었다.

지급재료 목록

재료명	수량
밀가루	1컵
물	1½컵
소금	1/4작은술
당근즙	3큰술
시금치즙	3큰술
오이	1개
당근	1개
표고버섯	3장
소고기(우둔)	200g
달걀	2개
소고기양념	
간장 1큰술, 설탕 ½큰술, 다진 파 1큰술, 다진 마늘 ½큰술 참기름 ½큰술, 깨소금, 후춧가루	
겨자소스	
연겨자 1큰술, 간장 ½큰술, 설탕 ½큰술, 식초 1작은술	

만드는 방법

❶ 밀전병 반죽은 밀가루와 소금물을 섞어 거품기로 오래 치댄 후 체에 한 번 내려 3색(흰색, 당근즙, 시금치즙)으로 색을 낸 뒤, 팬에 반죽을 수저로 한 번씩 떠서 얇게 부친다.

❷ 오이는 돌려깎기한 후 채썰어 소금에 살짝 절여 물기를 짜고 센 불에서 볶는다.

❸ 당근은 얇게 채썰어 소금을 넣고 센 불에서 볶는다.

❹ 표고버섯은 물에 불려 얇게 채썬 뒤 고기양념의 ½분량을 넣고 양념한 후 버무린다.

❺ 쇠고기는 얇게 채썰어 고기양념 ½분량을 넣고 버무린 후 볶는다.

❻ 달걀은 황백지단을 따로 부쳐 가늘게 채썬다.

❼ 밀전병에 오이, 당근, 표고버섯, 쇠고기, 황백지단을 넣고 돌돌 말아낸다.

❽ 겨자소스를 곁들인다.

꼭 알아두세요!

• 밀전병은 미리 반죽해 놓으면 글루텐이 형성되어 잘 부쳐진다.

• 쇠고기 대신 해산물을 이용해도 좋으며 맛은 담백하다.

대합구이

대합에는 단백질, 타우린, 비타민 B12, 칼슘, 철, 세린 등 다양한 영양성분이 함유돼 있기 때 문에 당뇨병에 좋다. 또 비타민 B12와 철분의 작용으로 빈혈을 예방하고 치료한다. 뼈와 치아를 튼튼하게 하는 효과도 있다. 산란시기에 잡힌 것은 맛이 없고 2, 3월에 잡힌 것이 가장 맛이 좋다. 예로부터 부부 화합의 상징으로 대변되는 조개가 바로 대합이다.

지급재료 목록

재료명	수량
대합	1kg
조갯살	60g
소고기(우둔)	50g
두부	70g
달걀	1개
밀가루	
소금	1작은술
마늘	1작은술
참기름	1작은술
후춧가루	1/4작은술

만드는 방법

❶ 대합살, 조갯살, 쇠고기, 두부를 다져서 소금, 마늘, 후춧가루로 버무려 속을 만든다.
❷ 대합껍질 속에 밀가루를 뿌려 속을 채운다.
❸ 밀가루와 달걀옷을 입혀 팬에 노릇하게 익힌다.
❹ 프라이팬에 먼저 익혀낸 후 석쇠자국이 나도록 석쇠에 굽는다.

꼭 알아두세요!

• 대합은 반드시 해감한다.
• 재료는 곱게 다져서 지져야 음식이 매끄럽다.
• 속을 채운 대합을 쪄서 굽기를 다시 하기도 한다.

오리불고기

오리불고기는 양념한 고기를 숙성시켜 구운 것을 말한다. 오리는 필수지방산인 칼슘, 인, 철, 칼륨 등 양질의 단백질 공급원으로 몸의 산성화를 막아주는 스태미나 식품으로 성장기 어린이, 임산부 등에게도 좋은 음식이다.

지급재료 목록

재료명	수량
오리	500g
청주	1큰술
생강즙	1작은술
양파	1/4개
황금송이버섯	20g
느타리버섯	20G
쑥갓	2줄기
미나리	2줄기
깻잎	5장
양념장	
간장 ½큰술, 설탕 ½큰술, 다진 파 1큰술, 다진 마늘 1작은술	
후춧가루, 깨소금 1작은술, 참기름 1작은술	

만드는 방법

❶ 오리는 찬물에 3~4번 정도 깨끗이 씻어 청주와 생강즙에 15분 정도 재워둔다.
❷ 양파는 채썰고 버섯은 씻어서 손으로 찢고 미나리, 깻잎은 3cm로 썰어준다.
❸ 양념장에 오리와 양파, 황금송이버섯, 느타리버섯을 넣고 재워둔다.
❹ 재워둔 오리를 팬에 넣고 볶다가 깻잎, 미나리, 쑥갓을 넣어 살짝 볶아 낸다.

꼭 알아두세요!

• 청주나 소주에 오리를 재워두면 오리의 비린내를 제거할 수 있다.
• 오리의 지방은 쇠고기와 돼지고기에 비해 불포화지방산의 함량이 많으며 육류 중 유일한 알칼리성 식품이다.

녹두빈대떡

예부터 녹두는 백 가지의 독을 풀어주는 명약으로 알려져 있다. 녹두는 간을 보호하고 위를 튼튼히 하며 눈을 맑게 해주고 살을 찌지 않게 하며, 피부의 탄력을 도모하고 마음을 안정시켜 주는 작용을 한다. 특히 피로할 때나 입술이 마르고 입안이나 혀가 헐었을 때 녹두를 섭취하면 효과가 있다.

지급재료 목록

재료명	수량
거피녹두	300g
찹쌀가루	2큰술
다진 돈목살	200g
익은 배추김치	200g
고사리	100g
숙주	100g
대파	1대
홍고추	2개
돈목살양념	
간장 1큰술, 다진 마늘 1/2큰술, 다진 파 1큰술, 생강즙 1작은술, 참기름 1직은술, 깨소금 1작은술, 후춧가루	
숙주 · 고사리 양념	
소금 2작은술, 다진 마늘 ½작은술, 다진 파 1작은술, 참기름 1작은술	

만드는 방법

❶ 거피한 녹두는 6시간 정도 물에 불린다.
❷ 돈목살은 양념하여 재워둔다.
❸ 배추김치는 속을 털어낸 후 송송 썰어 물기를 꽉 짠다.
❹ 숙주는 데친 후 송송 썰어 물기를 제거하고, 고사리도 잘게 썰어 물기를 제거한 후 양념한다.
❺ 대파와 홍고추를 어슷썰어 준비한다.
❻ 불린 녹두는 블렌더에 갈아 양념한 돼지고기, 숙주, 고사리, 배추김치를 넣고 찹쌀가루를 넣어 농도를 맞춘다.
❼ 달군 팬에 기름을 두르고 한 국자씩 떠놓고 노릇하게 지진다.

꼭 알아두세요!

• 양념한 재료들은 부치기 직전에 섞어야 녹두가 삭는 것을 막을 수 있다.
• 녹두는 조금 굵게 갈아야 씹히는 맛이 있어 좋다.
• 옛날에는 가난한 사람을 위한 음식이라 하여 빈자떡이라 불렀으나, 요즘에는 귀한 손님을 대접하는 음식이라 하여 빈대떡이라 한다.

맥적

고구려의 대표적인 음식으로 양념을 한 고기구이다. 3세기 중국 진나라 때의 『수신기(搜神記)』에는 맥적을 만들 때 "장과 마늘로 조리하여 불에 직접 굽는다"고 기록되어 있다.

지급재료 목록

재료명	수량
돼지목살	200g
달래	50g
부추	50g
마늘	2알
양념장	
된장 2큰술, 물 2큰술, 국간장 ½큰술, 간장 1큰술, 청주 3큰술, 조청 3큰술, 설탕 2큰술, 참기름 2큰술, 깨소금 2큰술	

만드는 방법

❶ 돼지목살은 0.5cm 두께로 썰어 칼등으로 자근자근 두들긴다.
❷ 부추, 달래는 송송 썰고 마늘은 굵게 다진다.
❸ 양념장을 만들어 부추, 달래, 마늘을 넣고 섞는다.
❹ 준비한 고기를 양념장에 10분 정도 재운다.
❺ 석쇠에 타지 않도록 굽는다.

꼭 알아두세요!

• 프라이팬에 구워도 괜찮다.
• 마늘은 즉석에서 다져야 향이 살아 있어 누린내를 없앨 수 있다.

사슬적

흰살 생선을 막대 모양으로 썰어 다진 쇠고기를 붙여서 굽는 산적, 사슬 모양으로 재료를
꿰었다고 해서 붙여진 이름이다

지급재료 목록

재료명	수량
민어	1마리
소금 · 후춧가루	
소고기(우둔)	200g
식용유	2큰술
꼬치	8개
잣가루	1큰술
소고기양념장	
간장 2작은술, 설탕 1작은술, 다진 파 ⅓큰술, 다진 마늘 1작은술	
깨소금 ½작은술, 후춧가루 ⅛작은술, 참기름 1작은술	
초간장	
간장 1큰술, 식초 1큰술, 물 1큰술	

만드는 방법

❶ 민어는 비늘을 긁고 깨끗이 씻은 후 양쪽으로 포를 떠서, 껍질을 벗기고 길이 8cm, 폭 1.2cm, 두께 0.8cm 정도로 잘라 잔 칼질을 한 후, 소금과 흰 후춧가루로 밑간을 한다.

❷ 쇠고기는 길이 9cm, 폭 1.5cm, 두께 0.5cm 정도로 잘라 잔칼질을 하여 양념장을 넣고 양념한다.

❸ 꼬치에 민어살과 쇠고기를 번갈아 꿰어 놓는다.

❹ 팬에 식용유를 두르고 사슬적을 놓은 후 앞뒤로 지진다.

❺ 그릇에 담고 잣가루를 뿌린 후 초간장과 함께 낸다.

꼭 알아두세요!

- 촘촘히 끼운 생선 뒷면에 양념한 다진 쇠고기를 붙여 지지기도 한다.
- 도미나 대구 등 흰살 생선을 사용한다.

깍두기

무를 네모반듯하게 썰어 담근 깍두기는 임산부가 아기가 반듯하게 자라기를 바라는 마음
으로 먹었다고 한다.

지급재료 목록

재료명	수량
무	1kg
물	1/4컵
굵은소금	2큰술
신화당	1/8작은술
쪽파	50g
부추	30g
양념	
멸치액젓 1큰술, 새우젓 1큰술, 다진 마늘 1큰술	
생강 ½작은술, 설탕 1작은술, 굵은 고춧가루 ¼컵	
고운 고춧가루 1큰술, 찹쌀풀 1큰술, 건고추 2큰술	

만드는 방법

❶ 무를 깨끗이 씻어 먹기 좋은 크기로 깍둑썰기를 한다.

❷ 물 ¼컵과 소금 2큰술, 신화당을 넣고 2시간 30분~3시간 정도 절인다.

❸ 건고추는 물과 같이 갈고 쪽파, 부추를 1cm로 잘라 놓는다.

❹ 찹쌀풀을 쑤고 새우젓은 다진다.

❺ 볼에 멸치액젓, 새우젓, 마늘, 생강, 설탕, 고춧가루, 찹쌀풀, 건고추 간 것을 모두 섞어 양념을 한다.

❻ 절인 무는 체에 받쳐 물기를 빼고 양념과 버무린다.

❼ 쪽파와 부추도 함께 버무린다.

❽ 항아리에 꼭꼭 눌러 담는다.

꼭 알아두세요!

• 깍두기는 모가 나서 양념이 잘 붙지 않으므로 양념과 젓갈은 다져서 넣는 것이 좋다.

한식조리기능사 수검안내

제1장 한식조리기능사 자격증 취득과정

제2장 조리기능장, 산업기사, 기능사 수검절차 안내

제1장 한식조리기능사 자격증 취득과정

한식조리기능사 시험은 한국산업인력공단에서 주관하며 국가에서 인정해 주는 국가 자격증이다. 한식조리기능사 시험은 정규시험과 상시시험으로 나뉜다. 정규시험은 연 4회이고, 복어조리기능사와 조주기능사만 시행되므로, 연중 시험이 시행되는 상시시험을 접수하도록 한다. 기초적인 메뉴로 시험이 재편성되었으니 한식조리기능사 자격증을 취득해 보기 바란다.

1. 필기시험

1) 필기시험 접수

① 접수기간 내에 인터넷을 이용 원서접수(큐넷, www.q-net.or.kr)
- 비회원인 경우 우선 회원 가입(사진등록 필수)
- 지역에 상관없이 원하는 시험장 선택 가능(선착순)
- 접수당일부터 시험시행일지 수험표 출력 가능

2) 접수 상태(접수 완료, 수험표 출력, 미결제)를 클릭하면 각 접수 상태에 따라 다음 단계로 이동

- 접수완료, 수험표 출력 : 수험표 출력화면으로 이동
- 미결제 : 원서접수내용 확인 화면으로 이동
- 입금 대기 중 : 가상계좌번호 조회

– 결제마감 시한(국가 기술자격만 해당) 원서접수 마감일 18:00까지(단, 정기 검정 경우 계좌이체, 신용카드 결제 신청 시는 시험 응시 장소에 수용 여유 인원이 있을 경우 다음날 12:00시까지)

3) 가상계좌 채번 및 수수료 입금기한

가상계좌 채번 및 수수료 입금기한(정기, 상시 공통)
· 인터넷 접수기간 중 가상계좌번호를 부여받은 후 아래 기한까지 인터넷 수험원서 접수 수수료를 입금하지 않으면 수험원서 제출이 자동 취소됩니다.
· 가상계좌 입금 시 수험자의 주거래은행 신용도 및 창구이용 입금, 자동화기기 이용 입금 시 각 은행별로 정해진 입금수수료가 부과될 수 있습니다.

구분	접수당일 12:59:59초까지 접수	접수당일 13:00부터 접수
원서접수 마감일 전일	접수당일 14시까지 입금 완료	익일 14시까지 입금 완료
원수접수 마감일	접수당일 14시까지 입금 완료	사용불가

4) 인터넷 접수 취소/환불 기간

① **국가기술자격검정 – 100% 전액환불** : 원서접수기간(마감일 23:59:59까지)
   50% 부분환불 : 접수마감 다음날~회별 시험시작일 5일 전까지(필/실기)
② **자격검정 원서접수 취소 시 환불 적용기간 안내 – 필기/실기 시험** : 회별 시험 시작일로부터 5일 전까지

적용기간	접수기간 중	접수기간 후	회별 시험시작 4일 전				회별 시험시작일
			4일	3일	2일	1일	
환불적용률	접수 취소 시 환불 : 100%	접수 취소 시 환불 : 50%	환불취소 불가				

5) 필기 수험사항 통보

필기시험 접수를 하면 바로 수검 날짜, 시간, 장소가 통보된다.

6) 필기시험 준비물

수검표, 신분증, 컴퓨터용 사인펜, 계산기를 지참하여 지정된 장소에서 시험을 본다.(1시간 배정, 객관식 문제 60문항이 출제. 이 중 100점 만점에서 60점 이상 합격)

7) 필기시험 시 주의사항

① 입실시간 미준수 시 시험응시 불가(시험장은 1부 입실시간 30분 전부터 입장 가능)
② 수험표, 신분증 미지참자 당해시험 정지(퇴실) 및 무효처리
③ 소지품 정리시간 이후 소지 불가 전자 · 통신기기 소지 · 착용 시는 당해시험 정지(퇴실) 및 무효처리
④ 공학용 계산기는 허용된 기종의 계산기만 사용가능
⑤ 주관식 답안 작성 시 검정색 필기구만 사용가능(연필, 유색 필기구 등 사용불가)

【사용가능 공학용 계산기 기종 허용군】

연번	제조사	허용기종군	비고
1	카시오(CASIO)	FX-901~999	*허용군 내 기종번호 말미의 영어 표기(ES, MS, EX) 등은 무관하나 SD라고 표기된 경우 외장 메모리가 사용가능하므로 사용 불가
2	카시오(CASIO)	FX-501~599	
3	카시오(CASIO)	FX-301~399	
4	카시오(CASIO)	FX-80~120	
5	샤프(SHARP)	EL-501~599	
6	샤프(SHARP)	EL-5100, EL-5230, EL-5250, EL-5500	
7	유니원(UNIONE)	UC-600E, UC-400M, UC-800X	

8) 원서접수 시 유의사항

① 접수가능 사진 범위 변경사항

구분	내용
접수가능 사진	6개월 이내 촬영한 (3×4cm) 컬러사진, 상반신 정면, 탈모, 무배경
접수불가능 사진	스냅 사진, 선글라스, 스티커 사진, 측면 사진, 모자착용, 혼란한 배경사진, 기타 신분확인이 불가한 사진 ※ Q-net 사진등록, 원서접수 사진 등록 시 등 상기에 명시된 접수불가 사진은 컴퓨터 자동인식 프로그램에 의해서 접수가 거부될 수 있습니다.
본인사진이 아닐 경우 조치	연예인 사진, 캐닉터 사진 등 **본인사진이 아니고, 신분증 미지참 시 시험응시 불가**(퇴실)조치 ※ 본인사진이 아닌 신분증 지참자는 사진 변경등록 각서 징구 후 시험 응시
수험자 조치사항	필기시험 사진 상이자는 신분 확인 시까지 실기원서접수가 불가하므로 원서접수 지부(사)로 본인이 신분증, 사진을 지참 후 확인받으시기 바랍니다.

② 신분증 인정범위

신분증 인정범위(모든 수험자 적용)
① 주민등록증(주민등록증발급신청확인서 포함), ② 운전면허증(경찰청에서 발행된 것), ③ 건설기계조종사 면허증, ④ 여권(기간이 만료되기 전의 것), ⑤ 공무원증(장교·부사관·군무원 신분증 포함), ⑥ 장애인등록증, 복지카드, ⑦ 국가유공자증, ⑧ 국가기술자격증(국가기술자격법에 의거 한국산업인력공단 등 8개 기관에서 발행된 것), ⑨ 외국인 등록증, ⑩ 외국국적동포국내거소신고증, ⑪ 학생증(사진 주민번호(생년월일), 성명, 학교장 직인 날인된 것), ⑫ 청소년증(청소년증발급신청확인서 포함), ⑬ 재학증명서(NEIS에서 발행하고 사진, 주민등록번호(생년월일), 성명, 발급기관 직인이 날인된 것), ⑭ 학교 발행 '신분확인증명서'(학교장이 발행하고 직인이 날인된 것)

※ 시험에 응시하는 수험자 혹은 자격증을 내방하여 발급받는 자는 위에서 정하는 신분증 중 1개를 반드시 지참하여야 하며, 신분 미확인 등에 따른 불이익은 수험자 책임입니다.

※ 상기 신분증은 유효기간 이내의 것만 가능하며, 위에서 정하는 신분증 외에는 인정하지 않습니다.

※ 상기 신분증은 사진, 생년월일, 성명, 발급자(직인 등)가 모두 기재된 경우에 한하여 인정합니다.

※ 대학 학생증, 사원증, 국가기술자격증 이외의 자격증(민간자격증 등), 신용카드 등은 신분증으로 인정되지 않습니다.

9) 필기시험 합격자 발표

필기시험(CBT)은 시험종료 즉시 합격 여부가 확인 가능하므로, 별도의 ARS 자동응답 전화를 통한 합격자 발표 미운영

10) 필기시험의 시행

필기시험은 24개 전 소속기관에서 시행하며, 접수인원을 고려하여 일부 조정될 수 있음

① 24개 필기관할 구역안내

관할기관	소재지	관할구역	지부/지사 연락처
서울지역본부	서울	서울특별시의 광진구, 서초구, 강동구, 성동구, 강남구, 동대문구, 송파구, 중랑구	02-2137-0509
서울서부지사	서울	서울특별시의 노원구, 은평구, 용산구, 종로구, 성북구, 중구, 도봉구, 강북구, 마포구, 서대문구	02-2024-1728~9
서울남부지사	서울	서울특별시의 강서구, 관악구, 구로구, 영등포구, 동작구, 양천구, 금천구	02-6907-7136
부산지역본부	부산	부산광역시의 북구, 사상구, 연제구, 경상남도의 양산시, 부산광역시의 서구, 부산진구, 중구, 사하구, 동구, 강서구	051-330-1933
대구지역본부	대구	대구광역시의 남구, 달서구, 달성군, 동구, 북구, 경상북도의 영천시, 대구광역시의 수성구, 중구, 경상북도의 경산시, 고령군, 청도군, 대구광역시의 서구	053-580-2326, 2328
인천지역본부	인천	인천광역시의 미추홀구, 동구, 남동구, 부평구, 강화군, 중구, 남구, 서구, 연수구, 옹진군, 계양구	032-820-8679
광주지역본부	광주	전라남도의 나주시, 담양군, 영광군, 장성군, 함평군, 화순군, 광주광역시의 광산구, 전라남도의 구례군, 광주광역시의 서구, 남구, 동구, 북구, 전라남도의 곡성군	062-970-1766~7
충남지사	충남	충청남도의 당진시, 서산시, 아산시, 홍성군, 천안시, 태안군, 예산군	041-620-7638
울산지사	울산	울산광역시의 중구, 남구, 울주군, 북구, 동구	052-220-3223

경기지사	경기	경기도의 화성시, 군포시, 수원시, 과천시, 안양시, 의왕시, 안산시	031-249-1212~1217
강원지사	강원	강원도의 양구군, 영월군, 원주시, 인제군, 경기도의 가평군, 강원도의 춘천시, 홍천군, 화천군, 횡성군, 철원군	033-248-8513
충북지사	충북	충청북도의 괴산군, 충주시, 보은군, 영동군, 옥천군, 음성군, 제천시, 증평군, 진천군, 청원군, 청주시, 청주시 상당구, 청주시 서원구, 청주시 청원구, 청주시 흥덕구, 단양군	043-279-9000
대전지역본부	대전	대전광역시의 대덕구, 동구, 서구, 유성구, 중구, 충청남도의 청양군, 논산시, 부여군, 보령시, 서천군, 계룡시, 금산군	042-580-9136
전북지사	전북	전라북도의 군산시, 진안군, 남원시, 무주군, 부안군, 순창군, 완주군, 익산시, 임실군, 고창군, 장수군, 전주시, 전주시 덕진구, 전주시 완산구, 정읍시, 김제시	063-210-9223
전남지사	전남	전라남도의 고흥군, 광양시, 여수시, 순천시, 보성군	061-720-8533
경북지사	경북	경상북도의 영주시, 예천군, 의성군, 청송군, 안동시, 군위군, 문경시, 봉화군, 상주시, 영양군	054-840-3033
경남지사	경남	경상남도의 의령군, 창녕군, 창원시, 통영시, 함안군, 밀양시, 창원시 마산합포구, 고성군, 김해시, 창원시 의창구, 창원시 진해구, 창원시 성산구, 창원시 마산회원구, 거제시	055-212-7245
제주지사	제주	제주특별자치도의 제주시, 서귀포시	064-729-0714
강원동부지사	강원	강원도의 강릉시, 고성군, 동해시, 평창군, 태백시, 속초시, 양양군, 정선군, 삼척시	033-650-5711
전남서부지사	전남	전라남도의 강진군, 목포시, 무안군, 신안군, 해남군, 완도군, 장흥군, 진도군, 영암군	061-288-3326
부산남부지사	부산	부산광역시의 수영구, 영도구, 해운대구, 금정구, 남구, 동래구, 기장군	051-620-1915
경북동부지사	경북	경상북도의 울릉군, 울진군, 영덕군, 포항시, 경주시	054-230-3202
경기북부지사	경기	경기도의 포천시, 연천군, 양주시, 의정부시, 구리시, 남양주시, 동두천시, 고양시, 파주시	031-853-4285
경기동부지사	경기	경기도의 하남시, 광주시, 성남시, 여주시, 이천시, 양평군	031-750-6226

경북서부지사	경북	경상북도의 구미시, 김천시, 칠곡군, 성주군	054-713-3028
경기남부지사	경기	경기도의 안성시, 평택시, 용인시, 오산시	031-615-9001
경남서부지사	경남	경상남도의 사천시, 거창군, 남해군, 진주시, 하동군, 함양군, 함천군, 산청군	055-791-0733
경기서부지사	경기	경기도의 부천시, 시흥시, 광명시, 김포시	032-719-0846
세종지사	세종	세종특별자치시의 전지역, 충청남도의 공주시	044-410-8023

2. 실기시험

1) 실기시험 접수

- **실기시험** : 회별 접수기간 별도 지정(별첨2 참조)
- **원서접수 시간** : 회별 원서접수 첫날 10:00부터 마지막 날 18:00까지(목~금)
- **접수방법** : 인터넷 접수(www.q-net.or.kr)
- **상시시험** : 연 50회 정도 세부시행계획에 따라 시험이 진행되며, 인터넷을 이용 원서 접수(큐넷, www.q-net.or.kr)와 시행 일자 확인 가능
- ※ 회차별 월요일은 시험준비 등을 위해 미시행, 비고에 제시된 일자에는 시험 및 원서접수 실시하지 않음

2) 실기시험 시행

실기시험은 접수인원 및 시험장 현황(외부 시험장 포함) 등을 감안하여 소속기관별로 종목별 · 일자별 시행계획을 수립하여 실시

3) 실기시험 준비물

번호	재료명	규격	단위	수량	비고
1	가위	–	EA	1	
2	강판	–	EA	1	
3	계량스푼	–	EA	1	
4	계량컵	–	EA	1	
5	국대접	기타 유사품 포함	EA	1	
6	곡자	–	EA	1	
7	냄비	–	EA	1	시험장에도 준비되어 있음
8	도마	흰색 또는 나무도마	EA	1	시험장에도 준비되어 있음
9	뒤집개	–	EA	1	
10	랩	–	EA	1	
11	마스크	–	EA	1	*위생복장(위생복·위생모·앞치마·마스크)을 착용하지 않을 경우 채점대상에서 제외(실격)됩니다*
12	면포/행주	–	장	1	
13	밀대	–	EA	1	
14	밥공기	–	EA	1	
15	볼(bowl)	–	EA	1	
16	비닐팩	위생백, 비닐봉지 등 유사품 포함	장	1	
17	상비의약품	손가락골무, 밴드 등	EA	1	
18	석쇠	–	EA	1	
19	쇠조리(혹은 체)	–	EA	1	
20	숟가락	차스푼 등 유사품 포함	EA	1	
21	앞치마	흰색(남녀공용)	EA	1	*위생복장(위생복·위생모·앞치마·마스크)을 착용하지 않을 경우 채점대상에서 제외(실격)됩니다*
22	위생모	흰색	EA	1	*위생복장(위생복·위생모·앞치마·마스크)을 착용하지 않을 경우 채점대상에서 제외(실격)됩니다*

23	위생복	상의-흰색/긴소매, 하의-긴바지(색상 무관)	벌	1	*위생복장(위생복 · 위생모 · 앞치마 · 마스크)을 착용하지 않을 경우 채점대상에서 제외(실격)됩니다*
24	위생타월	키친타월, 휴지 등 유사품 포함	장	1	
25	이쑤시개	산적꼬치 등 유사품 포함	EA	1	
26	접시	양념접시 등 유사품 포함	EA	1	
27	젓가락		EA	1	
28	종이컵	–	EA	1	
29	종지	–	EA	1	
30	주걱	–	EA	1	
31	집게	–	EA	1	
32	칼	조리용 칼, 칼집 포함	EA	1	
33	호일	–	EA	1	
34	프라이팬	–	EA	1	시험장에도 준비되어 있음

※ 지참준비물의 수량은 최소 필요수량이므로 수험자가 필요시 추가 지참 가능합니다.

※ 지참준비물은 일반적인 조리용을 의미하며, 기관명, 이름 등 표시가 없는 것이어야 합니다.

※ 지참준비물 중 수험자 개인에 따라 과제를 조리하는 데 불필요한 조리기구는 지참하지 않아도 됩니다.

※ 지참준비물 목록에는 없으나 조리에 직접 사용되지 않는 조리 주방용품(예, 수저통 등)은 지참 가능합니다.

※ 수험자 지참준비물 이외의 조리기구를 사용한 경우 채점대상에서 제외(실격)됩니다.

※ 위생상태 세부기준은 큐넷 – 자료실 – 공개문제에 공지된 "위생상태 및 안전관리 세부기준"을 참조하시기 바랍니다.

4) 합격자 발표

① 인터넷, ARS, 접수지사에 게시 공고

• 발표일자 : 회별 발표일 별도 지정

② 발표방법

- **인터넷** : 원서접수 홈페이지(www.q-net.or.kr)
- **전화** : ARS 자동응답전화(☎ 1666-0100), 실기시험은 당회 시험 종료 후 다음 주 목요일 09:00 발표

※ 단, 합격자 발표일이 공휴일, 연휴 등에 해당할 경우 별도지정

③ 검정수수료 환불 안내사항

- 시험수수료 환불 안내사항
- 접수기간 내 접수를 취소하는 경우 : 100% 환불(마감일 23:59:59까지)
- 접수마감일 다음날로부터 회별 시행초일 5일 전까지 취소하는 경우 : 50% 환불(10원단위 절사)

5) 자격증 교부

- **상장형 자격증** : 수험자가 직접 인터넷을 통해 발급
- **수첩형 자격증** : 인터넷 신청하여 우편배송

6) 위생상태 및 안전관리에 대한 채점기준 안내

위생 및 안전 상태	채점기준
1. 위생복(상/하의), 위생모, 앞치마, 마스크 중 한 가지라도 미착용한 경우 2. 평상복(흰티셔츠, 와이셔츠), 패션모자(흰털모자, 비니, 야구모자) 등 기준을 벗어난 위생복장을 착용한 경우	실격 (채점대상 제외)
3. 위생복(상/하의), 위생모, 앞치마, 마스크를 착용하였더라도 • 무늬가 있거나 유색의 위생복 상의 · 위생모 · 앞치마를 착용한 경우 • 흰색의 위생복 상의 · 앞치마를 착용하였더라도 부직포, 비닐 등 화재에 취약한 재질의 복장을 착용한 경우 • 팔꿈치가 덮이지 않는 짧은 팔의 위생복을 착용한 경우 • 위생복 하의의 색상, 재질은 무관하나 짧은 바지, 통이 넓은 힙합스타일 바지, 타이츠, 치마 등 안전과 작업에 방해가 되는 복장을 착용한 경우 • 위생모가 뚫려있어 머리카락이 보이거나, 수건 등으로 감싸 바느질 마감 처리가 되어있지 않고 풀어지기 쉬워 일반 조리장용으로 부적합한 경우 4. 이물질(예, 테이프) 부착 등 식품위생에 위배되는 조리기구를 사용한 경우	'위생상태 및 안전관리' 점수 전체 0점

5. 위생복(상/하의), 위생모, 앞치마, 마스크를 착용하였더라도
• 위생복 상의가 팔꿈치를 덮기는 하나 손목까지 오는 긴소매가 아닌 위생복
  (팔토시 착용은 긴소매로 불인정), 실험복 형태의 긴가운, 핀 등 금속을 별도
  부착한 위생복을 착용하여 세부기준을 준수하지 않았을 경우
• 테두리선, 칼라, 위생모 짧은 창 등 일부 유색의 위생복 상의·위생모·앞치
  마를 착용한 경우 (테이프 부착 불인정)
• 위생복 하의가 발목까지 오지 않는 8부바지
• 위생복(상/하의), 위생모, 앞치마, 마스크에 수험자의 소속 및 성명을 테이프
  등으로 가리지 않았을 경우
6. 위생화(작업화), 장신구, 두발, 손/손톱, 폐식용유 처리, 안전사고 발생 처리
  등 '위생상태 및 안전관리 세부기준'을 준수하지 않았을 경우
7. '위생상태 및 안전관리 세부기준' 이외에 위생과 안전을 저해하는 기타사항
  이 있을 경우
	'위생상태 및
	안전관리'
	점수 일부 감점

※ 위 기준에 표시되어 있지 않으나 일반적인 개인위생, 식품위생, 주방위생, 안전관리를 준수하지 않
  을 경우 감점처리 될 수 있습니다.
※ 수도자의 경우 제복 + 위생복 상의/하의, 위생모, 앞치마, 마스크 착용 허용

7) 실기시험 장소에서의 주의사항

① 시간 내에 도착해서 수검자 대기실에서 출석 확인 후 배번호(등번호)를 받고
   본부 요원의 주의사항을 듣는다.

② 실기시험장으로 입실해서 각자의 배번호와 같은 조리대로 가서 지침 공구물
   을 꺼내놓고 정돈한다.

③ 주어진 2가지의 요리명과 제한 시간을 확인한다.

④ 시험 주재료와 부재료, 양념류를 확인한다. 이때 빠진 재료, 불량 재료 등이
   있으면 교환이나 추가지급을 신청한다.(시험이 시작되면 교환이나 추가지급
   이 불가능하다. 단 식재료를 잘랐을 때 안이 썩은 경우 교환 가능하다.)

⑤ 시험 시작을 알리면 곧바로 음식을 만들기 시작한다.

⑥ 주어진 시간 내에 완성품 2가지를 배번호와 같이 제출한다.

⑦ 작품을 제출한 후 조리한 주변 장소를 말끔히 정리 정돈하고 본부요원의 지
   시에 따라 시험장에서 퇴실한다.

8) 실기시험 볼 때 주의사항

① 시험 전날 수검표, 신분증, 수검자 지침공구를 꼼꼼히 확인하여 준비한다. 특히 복장(위생복, 위생모, 앞치마 등)은 개인위생 상태 세부기준에 맞게 준비한다.

② 복장은 편하고 단정하게 하며 높은 굽의 신발은 삼가며(운동화의 경우 키높이 운동화 감점) 시계, 팔찌, 반지, 귀걸이 등의 액세서리는 삼가야 한다.

③ 손톱은 깨끗하게 다듬고 매니큐어 등은 바르지 않는다.

④ 위생복, 위생모(머릿수건), 앞치마, 마스크 등을 착용할 때는 흰색으로 단정하게 입어야 한다.

⑤ 칼에 손을 베이거나 불에 데지 않도록 주의한다(칼에 손을 베였을 때 응급처치 없이 조리를 계속하면 감점).

⑥ 음식을 만들 때 재료나 조리 기구를 떨어뜨리지 않도록 하고 요란한 칼소리가 나지 않도록 주의한다.

⑦ 음식을 만드는 데 있어 재료와 도마 등을 위생적으로 처리하고 청결에 주의한다.

⑧ 시간을 요하는 요리(지단용 달걀 풀기, 절이기, 찌기)부터 시작해야 한다.

⑨ 따뜻한 요리(국, 찜, 찌개 등)는 따뜻하게 해서 제출한다.

⑩ 생채요리는 물기가 생기지 않도록 마지막에 완성하여 제출한다.

⑪ 모든 재료를 조리할 수 있도록 썰고 양념을 준비한 다음 불 쪽으로 이동하여 작업 능률을 효율적으로 한다.

⑫ 반드시 주어진 조리시간 내에 완성품을 제출해야 한다. 그렇지 않으면 채점 대상에서 제외된다.

9) 위생상태 및 안전관리 세부기준 안내

순번	구분	세부기준
1	위생복 상의	• 전체 흰색, 손목까지 오는 긴소매 　– 조리과정에서 발생 가능한 안전사고(화상 등) 예방 및 식품위생(체모 유입방지, 오염도 확인 등) 관리를 위한 기준 적용 　– 조리과정에서 편의를 위해 소매를 접어 작업하는 것은 허용 　– 부직포, 비닐 등 화재에 취약한 재질이 아닐 것, 팔토시는 긴팔로 불인정 • 상의 여밈은 위생복에 부착된 것이어야 하며 벨크로(일명 찍찍이), 단추 등 크기, 색상, 모양, 재질은 제한하지 않음(단, 금속성은 제외)
2	위생복 하의	• 색상·재질 무관, 안전과 작업에 방해가 되지 않는 발목까지 오는 긴바지 　– 조리기구 낙하, 화상 등 안전사고 예방을 위한 기준 적용
3	위생모	• 전체 흰색, 빈틈이 없고 바느질 마감처리가 되어 있는 일반 조리장에서 통용되는 위생모(모자의 크기, 길이, 모양, 재질(면·부직포 등)은 무관)
4	앞치마	• 전체 흰색, 무릎 아래까지 덮이는 길이 　– 상하일체형(목끈형) 가능, 부직포·비닐 등 화재에 취약한 재질이 아닐 것
5	마스크	• 침액을 통한 위생상의 위해 방지용으로 종류는 제한하지 않음 　(단, 감염병 예방법에 따라 마스크 착용 의무화 기간에는 '투명 위생 플라스틱 입가리개'는 마스크 착용으로 인정하지 않음)
6	위생화 (작업화)	• 색상 무관, 굽이 높지 않고 발가락·발등·발뒤꿈치가 덮여 안전사고를 예방할 수 있는 깨끗한 운동화 형태
7	장신구	• 일체의 개인용 장신구 착용 금지(단, 위생모 고정을 위한 머리핀 허용)
8	두발	• 단정하고 청결할 것, 머리카락이 길 경우 흘러내리지 않도록 머리망을 착용하거나 묶을 것
9	손/손톱	• 손에 상처가 없어야 하나, 상처가 있을 경우 보이지 않도록 할 것 　(시험위원 확인 하에 추가 조치 가능) • 손톱은 길지 않고 청결하며 매니큐어, 인조손톱 등을 부착하지 않을 것
10	폐식용유 처리	• 사용한 폐식용유는 시험위원이 지시하는 적재장소에 처리할 것
11	교차오염	• 교차오염 방지를 위한 칼, 도마 등 조리기구 구분 사용은 세척으로 대신하여 예방할 것 • 조리기구에 이물질(예, 테이프)을 부착하지 않을 것
12	위생관리	• 재료, 조리기구 등 조리에 사용되는 모든 것은 위생적으로 처리하여야 하며, 조리용으로 적합한 것일 것

13	안전사고 발생 처리	• 칼 사용(손 빔) 등으로 안전사고 발생 시 응급조치를 하여야 하며, 응급조치에도 지혈이 되지 않을 경우 시험진행 불가
14	눈금표시 조리도구	• 눈금표시된 조리기구 사용 허용 (실격 처리되지 않음, 2022년부터 적용) (단, 눈금표시에 재어가며 재료를 써는 조리작업은 조리기술 및 숙련도 평가에 반영)
15	부정 방지	• 위생복, 조리기구 등 시험장 내 모든 개인물품에는 수험자의 소속 및 성명 등의 표식이 없을 것(위생복의 개인 표식 제거는 청테이프로 부착 가능)
16	테이프사용	• 위생복 상의, 앞치마, 위생모의 소속 및 성명을 가리는 용도로만 허용

※ 위 내용은 안전관리인증기준(HACCP) 평가(심사) 매뉴얼, 위생등급 가이드라인 평가 기준 및 시행상의 운영사항을 참고하여 작성된 기준입니다.

10) 장애 유형별 편의 제공안내

장애유형			필기(답)형 시험	작업형 시험
시각장애	중증(장애의 정도가 심한 장애인)		• 청수법 사용 (점자정보단말기 및 스크린리더 사용) • 시험시간 1.7배 연장 • 필요시 답안대필 가능	• 시험시간 1.5배 연장
	경증(장애의 정도가 심하지 않은 장애인)		• 확대문제지 또는 독서확대기 가능 • 시험시간 1.5배 연장 • 필요시 답안대필 가능	• 시험시간 1.2배 연장
뇌 병변 장애	(장애정도) 구분 없음		• 시험시간 1.5배 연장 • 필요시 답안대필 가능	• 시험시간 1.3배 연장
지체장애	상지 장애	① 중증(장애의 정도가 심한 장애인)	• 시험시간 1.5배 연장	• 시험시간 1.3배 연장
		② 경증(장애의 정도가 심하지 않은 장애인)	• 시험시간 1.2배 연장	• 시험시간 1.2배 연장
	하지 장애	③ 하지(장애 정도 구분 없음, 척추장애* 포함)	• 시험시간 일반응시자와 동일	• 시험시간 1.1배 연장
	복합장애		• 상지장애와 동일	• 상지장애에 부여한 시간 + 하지장애에 추가적으로 부여한 시간
청각장애	장애 정도 구분 없음		• 시험시간 일반응시자와 동일	

	일시적 신체장애로 응시에 현저한 지장이 있는 자	• 장애 정도를 검증하여 결정
기타 의료 기관장이 인정한 장애	등급 구분 없음 (과민성대장증후군 및 과민성방광증후군, 신장, 심장, 장루, 요루 장애 등)	• 시험시간 일반응시자와 동일 – 시험 중 화장실 사용 허용

※ 복합장애인지(상지 + 하지) 중 상지장애 1급에 대한 시간 산정방법(작업형 시험, 예시)

- **시험시간이 60분인 경우**
  ⇒ 상지장애의 장애등급에 부여한 시간 {표준시간(60분) + (60분)×0.3)} = 78분
    + 하지장애 시 추가 부여한 시간 {(60분×0.1) = 6분} = 84분

제2장 조리 기능장, 산업기사, 기능사 수검절차 안내

1) 응시자격

① 기능장: 다음 각 호 어느 하나에 해당하는 사람

- 응시하려는 종목이 속하는 동일 및 유사 직무분야의 산업기사 또는 기능사 자격을 취득한 후 「근로자직업능력 개발법」에 따라 설립된 기능대학의 기능장과정을 마친 이수자 또는 그 이수예정자
- 산업기사 등급 이상의 자격을 취득한 후 응시하려는 종목이 속하는 동일 및 유사 직무분야에서 5년 이상 실무에 종사한 사람
- 기능사 자격을 취득한 후 응시하려는 종목이 속하는 동일 및 유사 직무분야에서 7년 이상 실무에 종사한 사람
- 응시하려는 종목이 속하는 동일 및 유사 직무분야에서 9년 이상 실무에 종사한 사람
- 응시하려는 종목이 속하는 동일 및 유사 직무분야의 다른 종목의 기능장 등급의 자격을 취득한 사람
- 외국에서 동일한 종목에 해당하는 자격을 취득한 사람

② 조리산업기사 : 산업구조가 전문 서비스 위주로 변화함에 따라 동 산업분야의 인력 수요 증가가 예상되어 조리산업기사 종목이 신설됨

- 기능사 등급 이상의 자격을 취득한 후 응시하려는 종목이 속하는 동일 및 유사 직무분야에 1년 이상 실무에 종사한 사람

- 응시하려는 종목이 속하는 동일 및 유사 직무분야의 다른 종목의 산업기사 등급 이상의 자격을 취득한 사람
- 관련학과의 2년제 또는 3년제 전문대학졸업자 등 또는 그 졸업예정자
- 관련학과의 대학졸업자 등 또는 그 졸업예정자
- 동일 및 유사 직무분야의 산업기사 수준 기술훈련과정 이수자 또는 그 이수예정자
- 응시하려는 종목이 속하는 동일 및 유사 직무분야에서 2년 이상 실무에 종사한 사람
- 고용노동부령으로 정하는 기능경기대회 입상자
- 외국에서 동일한 종목에 해당하는 자격을 취득한 사람

③ 조리기능사: 응시자격 제한 없음

2) 수검원서 교부 및 접수

- **접수방법** : 인터넷 접수(http://q-net.or.kr)
- **원서접수 시간** : 회별 원서접수 첫날 10:00부터 마지막 날 18:00까지(목~금)

3) 필기시험 및 실기시험 절차 안내

필기시험 응시자는 인터넷 접수(http://q-net.or.kr)에서 원서를 접수하고, 별도로 시험일시와 장소를 지정받아서 시험을 치른다. 1차 필기시험 합격자는 차후 2년까지 실기시험에 필기 면제자로 실기시험을 볼 수 있다.

4) 합격자 발표

- ARS : 1644-8000
- **인터넷** : 큐넷(http://q-net.or.kr) (마이페이지 등)에서 합격여부를 확인하고 다음의 절차를 밟는다.

• 개인별 득점 조회 : 합격 여부 및 일부 종목에 대한 시험 문제, 득점을 공개한다.

5) 최종 합격자 자격증 교부

① 상장형 자격증 발급을 원칙으로 하며, 소장 희망 시『수첩형 자격증』을 발급 · 활용하시기 바랍니다(수첩형 자격증 발급은 의무사항이 아니므로, 소장 희망 시 발급)

② 인터넷으로 편리하게 신청하고 무료로 자가 프린터를 통해 즉시 발급(출력)하실 수 있습니다.

※ 공단 지사 방문 및 우편 배송은 불가함

기존『수첩형 자격증』과 동일한 법적 효력(국가기술자격법 시행규칙 제28조)이 있으므로, 경력 및 학점 인정 등을 위한 자격증 제출 시 활용 가능합니다.

③『상장형 자격증』발급 유의사항

• 공단이 시행한 국가기술자격 취득자 중 공단에서 확인한 사진이 등록된 자에 한하여 발급 가능하며 1회 1종목 발급 가능합니다.(발급 시 사진 변경 불가)

• PC 및 프린터 환경에 따라 색상 등이 일부 상이할 수 있으니, 이 점 양해하여 주시기 바랍니다.

• 발급한 상장형 자격증은【큐넷 자격증 진위확인】에서 90일간 조회할 수 있으며, 모바일에서는 불가합니다.

④ 상장형 자격증 이용(신청)이 불가능한 경우

• 공단에서 확인된 본인 사진이 없는 경우, 자격취득사항(성명, 주민번호, 종목)의 변경이 필요한 경우(주민등록(초본) 등 입증서류 지참), 신분증을 지참하지 않고 실기시험에 응시한 경우, 법령 개정으로 자격 종목의 선택이 필요한 경우(선택이 완료된 자격에 대하여는 번복이 불가능함에 따라 담당직원의 안내를 받은 후 신중하게 선택), 상장형 자격증 이용(신청)이 불가능한 경우

【수첩형 자격증 발급 시 발급 수수료 안내】

발급신청	수수료	배송비
인터넷 신청 및 우편배송	3,100원	2,860원
인터넷 신청 및 방문 발급	3,100원	–
공단 소속기관 방문 신청 및 발급	3,500원	–

※ 배송 수령 시

- 공단이 시행한 국가기술자격 취득자 중 공단에서 확인한 사진이 등록된 경우에 한하여 인터넷 신청 후 배송 수령 가능하며 1회 4개의 자격증까지 발급 가능합니다.
- 인터넷 신청 후 안내사항 등이 문자로 발송되오니 휴대폰 번호를 정확하게 기입하여 주시기 바랍니다(보완 요청 시 7일 이내 보완 요망. 기한 경과 시 자동 취소됨)

※ 방문 발급 시

- 공단에서 확인된 사진이 없는 경우, 인터넷 신청 후 희망하는 공단 소속기관(지부·지사)에 신분증(대리인 신청 시에는 본인 및 대리인 신분증)을 지참하여 방문하시기 바랍니다.
- 인터넷 신청 불가 시 : 사진(반명함 및 증명사진) 및 본인 신분증(대리인 방문 시 본인 및 대리인 신분증) 지참 후 공단 소속기관(지부·지사) 방문

※ 공단을 직접 방문하여 발급하여야 하는 경우

공단에서 확인된 본인 사진이 없는 경우, 자격취득사항(성명, 주민번호, 종목)의 변경이 필요한 경우(주민등록(초본) 등 입증서류 지참), 신분증을 지참하지 않고 실기시험에 응시한 경우, 법령 개정으로 자격 종목의 선택이 필요한 경우(선택이 완료된 자격에 대하여는 번복이 불가능함에 따라 담당직원의 안내를 받은 후 신중하게 선택)

참고
문헌

강인희 외 11인, 한국의 상차림, 효일문화사, 1999

김은실 외 2인, 웰빙한국음식, MJ미디어, 2005

봉하원, 한국요리해법, 효일문화사, 2000

(사)한국전통음식연구소, 아름다운 한국음식 300선, 한림출판사, 2008

서봉순 외 2인, 한국조리, 지구문화사, 2001

염초애 외 2인, 한국요리, 효일문화사, 2000

윤서석 외 6인, 한국음식의 개관, 제1권, 한국문화재보호재단, 1997

윤숙자, 한국의 떡,한과,음청류, 지구문화사, 1998

윤숙자, 한국의 저장 발효음식, 신광출판사, 2001

이효지, 한국의 음식문화, 신광출판사, 2007

임채서, 한식조리기능사, 훈민사, 2004

정문숙 외 1인, 생활조리, 신광출판사, 2000

최은희, 한국음식의 이해, 백산출판사, 2012

최은희 외 5인, 한국음식의 이해, MJ미디어, 2007

한복진, 우리가 정말 알아야 할 우리 음식 백가지, 현암사, 1998

황혜성, 조선왕조궁중음식, (사)궁중음식연구원, 1998

〈참고 사이트〉

한국산업인력공단 : www.hrdkorea.or.kr

한국직업능력개발원 : www.krivet.re.kr

한식진흥원 : www.hansik.org

■ 저자 소개

최은희
- 세종대학교 조리외식학 박사
- 수원과학대학교 글로벌한식조리과 교수

최수남
- 세종대학교 조리외식학 박사
- 대림대학교 글로벌조리·제과학부 호텔조리전공 교수

김동희
- 세종대학교 식품조리학 박사
- 수원과학대학교 글로벌한식조리과 교수

이애진
- 세종대학교 조리외식학 석사
- 조리기능장
- 수원과학대학교 글로벌한식조리과 교수

황경희
- 대구한의대학교 이학박사
- 계명문화대학교 식품영양조리학부 교수

서강태
- 호남대학교 호텔경영학 박사
- 백석문화대학교 글로벌외식관광학부 교수

저자와의
합의하에
인지첩부
생략

기초한국음식의 이해

2019년 2월 25일 초 판 1쇄 발행
2021년 2월 20일 제2판 1쇄 발행
2024년 3월 15일 제3판 1쇄 발행

지은이 최은희·최수남·김동희
　　　　이애진·황경희·서강태
펴낸이 진욱상
펴낸곳 (주)백산출판사
교　정 박시내
본문디자인 신화정
표지디자인 오정은

등　록 2017년 5월 29일 제406-2017-000058호
주　소 경기도 파주시 회동길 370(백산빌딩 3층)
전　화 02-914-1621(代)
팩　스 031-955-9911
이메일 edit@ibaeksan.kr
홈페이지 www.ibaeksan.kr

ISBN 979-11-6567-775-6　93590
값 26,000원